Deutsches 15-cm schweres Infanteriegeschütz 33

Hans Mehl

Feld-, Pak- und Flakartillerie
Heeresgeschütze aus 500 Jahren

Band 2: 1920 bis 2004

Mit Unterstützung durch
Pierre Touzin, Frankreich

Hans Mehl

Feld-, Pak- und Flakartillerie
Heeresgeschütze aus 500 Jahren

Band 2: 1920 bis 2004

Seit 1789

Verlag E.S. Mittler & Sohn GmbH

Hamburg · Berlin · Bonn

Titelbild: Deutsche 8,8-cm-Pak 43/41 im Fort du Roule in Cherbourg
Foto: Verhaaren

Rücktitel: Deutsche 10,5-cm leichte Feldhaubitze 16, Mod. Krupp 1937, auf einer Sonderausstellung in der Zitadelle von Spandau (Leihgabe Wehrtechnische Studiensammlung Koblenz)
Foto: Autor

Innentitel: Sowjetische 152-mm-Kanonen-Haubitze ML 20 in Nachkriegsausführung (Rohr in Marschanlage)
Foto: Autor

Bibliografische Information Der Deutschen Bibliothek
Die Deutsche Bibliothek verzeichnet diese Publikation in der Deutschen Nationalbibliografie; detaillierte bibliografische Daten sind im Internet über http://dnb.ddb.de abrufbar.

ISBN 3 8132 0827 3

Layout: Bettina Schumacher
Produktion: Mirja Hübner
Druck und Bindung: B.o.s.s Druck und Medien GmbH, Kleve
Printed in Germany

Inhaltsverzeichnis

Vorwort

Der Erste Weltkrieg hatte die bisherigen Sonderformen der Artilleriegeschütze weiterentwickelt und neue hinzugefügt. Dem 13--Zoll-Mörser des US-Bürgerkrieges auf seinem Eisenbahnwaggon waren zahlreiche Geschwister auf Schienen gefolgt, die, meist mit Marinerohren, als schwerstes Flachfeuer tief ins feindliche Hinterland wirkten. Dem ersten Krupp-Geschütz, das 1870 dem eingeschlossenen Paris entfliehende Ballons bekämpfte, musste das Heer ab 1914 zurVerteidigung gegen den immer bedrohlicheren Luftfeind stärkere nachschieben, und der Tank, der endlich den festgefahrenen Grabenkrieg überrollte, verlangte ebenfalls nach neuen Waffen zu seiner Abwehr. Schwere Mörser bis zu 42 cm Kaliber bekämpften Festungen, und Geschütze, die ihre Granaten in die Stratosphäre entsandten, erreichten bisher unglaubliche Schussweiten.

All dies sollte sich in den nächsten Jahren bis zum Ende des Zweiten Weltkrieges kaum verändern. Zwar steigerte sich die Eisenbahnartillerie im Kaliber bis zu 80 cm und im Gewicht bis 1350 t und selbstfahrende Geschütze schleppten auf ihren Ketten 60-cm-Mörser und 120 t durchs Gelände. Sonst war aber bei der Rohrartillerie nur Leistungssteigerung angesagt, abgesehen von den neuen rückstoßfreien Leichtgeschützen. Als Konkurrenz reiften die Raketen heran, auf dem Gefechtsfeld wie im Weltraum.

Die Nachkriegsentwicklungen machten dort weiter, wo 1945 die führenden deutschen Entwicklungen stehen geblieben waren. Die USA verweilte bei ihren 10,5- und 15,5-cm-Feldhaubitzen der 20er Jahre und verlegte sich auf zahlreiche selbstfahrende Geschütze, die später dank Leichtmetallpanzerung lufttransportfähig wurden. Die Leistungssprünge auf dem Munitionssektor mit elektronischen Annäherungszündern, Treibspiegel- und Quetschkopf-Geschossen kulminierten in Nukleargranaten, die Reichweiten steigerten sich dank Raketenzusatzantrieb und Base bleed-Sätzen und die Geschosse für die Panzerbekämpfung suchten sich am Fallschirm pendelnd selbst ihre Ziele. Die Raketen blieben die Flächenfeuerwaffen, und bei den Waffen der Gefechtsfahrzeuge war einerseits bei den Bordkanonen der Kampfpanzer die Rückkehr zur Glattrohrtechnik zu vermelden, während bei den Maschinenbordkanonen der Fremdantrieb mit Rotations- und Kettenkanonen einzog. Die gesteigerte Forderung nach rascher Luftverlegung führte zu weitgehendem Leichtbau, obwohl bereits eine Panzerhaubitze wieder auf 60 t herangewachsen ist. Dies war der Entwicklungsstand, als die ausgewogene gegenseitige Bedrohung der beiden Blöcke entfiel, hoffentlich für immer.

Nun ist eine völlig neue Bedrohung aufgetaucht, zu deren Abwehr schwer gepanzerte Selbstfahrlafetten wenig geeignet erscheinen: der internationale Terrorismus. Dessen Truppen besetzen kaum harte Ziele, sondern »schwimmen wie der Fisch im Wasser«. Zu ihrer Bekämpfung bedarf es nicht der Panzerung oben gegen top attack, sondern unten gegen Landminen, nicht des 50-km-Weitschusses der Panzerhaubitze mit reichweitenoptimierter Munition, sondern des vielfachen Granatschusses des Maschinengeschosswerfers. Und Panzerjägerkanonen, Flugabwehrgeschütze (die in jüngster Zeit zur Schonung des Rohres auf Flüssigkeitskühlung umgeschwenkt waren) und Raketenwerfer werden derzeit überhaupt nicht benötigt.

Damit stellt sich die Frage, was aus der Artillerie, diesem »ehernen Hammer der Schlachten« (Lenin), in Zukunft werden soll? Wird das weit hinten nach den Anweisungen eines vorgeschobenen Beobachters auf ein fernes Ziel gerichtete Geschütz der Rohrartillerie erhalten bleiben? Oder wird eine viel wirksamere Kampfdrohne, die ferngesteuert Ziele ausmacht und sofort in Echtzeit verzögerungslos bekämpft, sie ersetzen? Die Artillerie mag Hammer bleiben, doch kann dieser Hammer in Zukunfteine ganz andere Form haben.

Der vorliegende Band 2 skizziert das Gesagte mit umfangreichen Bild- und Textinformationen für den genannten Zeitraum. Möge auch er wieder eine Fundgrube für Historiker und waffentechnisch Interessierte sein.

Herbert Jäger
Oberstleutnant a.D.
Vizepräsident der Gesellschaft für Artilleriekunde e.V.

Einführung

Mit dem vorliegenden zweiten Band zum Thema »Heeresgeschütze aus 500 Jahren« werden Feld-, Pak- und Flakgeschütze aus dem Zeitraum von 1920 bis heute dargestellt. Darüber hinaus wurden die nach dem Ersten Weltkrieg in größerem Umfang entstandenen Gattungen der Artillerie auf Selbstfahrlafetten und der reaktiven Geschosswerfer einbezogen. Innerhalb der chronologisch gestalteten Darstellung werden die Artilleriegeschütze nach den verschiedenen Klassen und nach Kalibern geordnet vorgestellt. Mit den eng an die Gestaltung des ersten Bandes »Feld- und Festungsartillerie«, 1450 bis 1920, angelehnten Darstellungen wurden für interessierte Leser wieder eine große Anzahl von Geschützen mit Bild- und Textinformationen aufgenommen. Der Inhalt und die Art der Darstellungen beschränken sich auf taktisch-technische und ballistische Daten sowie auf konstruktive Details der verschiedenen Geschütze. Einige historische Hintergrundinformationen, Angaben über Produktionszahlen sowie Hinweise auf Kriegs- und Gefechtsereignisse ergänzen die Beschreibungen. Sie sollten als Teilbeitrag zur Geschichte der Artillerie verstanden werden. Auf wichtige Gebiete wie die Führung und der Einsatz der Artillerie, die Rolle der aufklärenden Artillerie wie auch auf einen tieferen Einblick in die Weiterentwicklung der Munition ist hier verzichtet worden. Als Bildmaterial wurden überwiegend Abbildungen von Geschützen aus weltweiten Kollektionen von Artillerie- und Militärmuseen sowie aus staatlichen und firmeneigenen Studiensammlungen genutzt. Einige Archivfotos von Einsätzen der Artillerie ergänzen die Bildauswahl.

Wer sich (noch) nicht fortlaufend mit der Entwicklung von Artilleriegeschützen befasst hat und möglicherweise den ersten Band dieser Darstellungen nicht erworben hat, der sei hier einleitend kurz darüber informiert, dass zum Ende des Ersten Weltkrieges folgende Merkmale den Entwicklungsstand von Geschützen charakterisieren:

- Durchgängige Verwendung des gebremsten Rohrrücklaufs bei Geschützen aller Kaliber.
- Bau und Einsatz von funktionstüchtigen Schnellladeverschlüssen (Schnellfeuer bei Leichten Feldgeschützen mit bis zu 20 S/Min.).
- Einsatz zuverlässiger und wirksamer Munition zur Bekämpfung (fast) aller Zielarten.
- Bei der Tankbekämpfung wurde noch mit Feldgeschützen improvisiert.
- Viele Geschütze hatten auf Grund genieteter Verbindungen und massiven Kastenholmen ein relativ hohes Gewicht.
- Die leichte und mittlere Feldartillerie war durchweg noch bespannt einschließlich bespannter Munitionskolonnen.
- Bei Geschützen der schweren Artillerie war der Kraftzug mit motorisierten Fahrzeugen (Zugmaschinen, Traktoren, spezielle Artillerieschlepper) bereits Standard. Der Transport erfolgte in Teillasten mit anschließendem Auf- und Zusammenbau (Bettungen, Lafetten, Rohrwaffen).
- Schwere Fernkampfgeschütze – oft Verwendung von Marinerohrwaffen – waren als Bettungs- oder Eisenbahngeschütze konzipiert.

Unmittelbar nach dem Ersten Weltkrieg beschränkte man sich in den meisten Armeen auf die Weiterverwendung bewährter Geschützmodelle. Knappe Finanzen im jeweiligen Staatshaushalt ermöglichten oftmals nur eine Neuproduktion modernisierter Geschütztypen. Deutschland war gemäß den Bestimmungen des Versailler Vertrages die Herstellung von Geschützen mit einem Kaliber größer 10,5 cm untersagt. Zur Erhöhung des Anteils der motorisierten Artillerie wurden zum Fahren älterer Geschütztypen, teilweise noch mit Holzrädern, Ein- oder Zweiachs-Transporthänger eingeführt.

Eine französische 155-mm-Haubitze Mle 1917 auf einem Sonderanhänger für motorisierten Kraftzug.

Foto: Freivogel

Erst Anfang der 30er Jahre wurden neue Geschützmodelle entwickelt, bei denen sowohl die Erfahrungen aus dem Ersten Weltkrieg wie auch Fortschritte in der Metallurgie, der Metallbearbeitung und der Pyrotechnik genutzt wurden. Die Entwicklung der Panzerwaffe bedingte fast automatisch auch die Schaffung neuer Panzerabwehrkanonen (Pak). Nach den Anfängen mit Tankabwehrkanonen wurden spezielle Geschütze entwickelt, die eine erfolgversprechende Bekämpfung von Panzern mit Panzergranaten und einer hohen Vo ermöglichten. Anfänglich war das Kaliber von 3,7 cm weit verbreitet. Nur wenige Armeen verfügten vor Ausbruch des Zweiten Weltkrieges über Pak-Geschütze mit einem Kaliber bis 47 mm (Frankreich, Tschechoslowakei, Sowjetunion). Spätestens ab dem Frankreichfeldzug der deutschen

Deutsche 3,7-cm-Pak, gezogen von einer »Krupp-Protze« beim Vormarsch 1940 in Frankreich.

Foto: PK-Foto, Archiv Tamm

Wehrmacht entspann sich ein regelrechter Wettlauf zwischen der Zunahme der Panzerung bei Pz.-Kampfwagen und der Entwicklung immer neuer, leistungsfähigerer Pak-Geschütze. Am Ende des Zweiten Weltkrieges war man bei 100-mm-Kanonen zur Panzerbekämpfung angelangt. Parallel zu dieser Entwicklung wurden für die Panzerbekämpfung immer mehr neue Munitionsarten geschaffen, mit denen die Leistungsfähigkeit der Pak-Geschütze erst voll ausgeschöpft werden konnte. Kurz zu nennen sind hier Hohlladungsgranaten, Hartkerngranaten und Unterkalibergranaten mit Treibspiegel (Vo über 1.000 m/s).

In allen Armeen wurde versucht, den Motorisierungsgrad der Artillerie so hoch wie möglich zu gestalten. Während Artillerieverbände der USA und Großbritanniens schon vor dem Zweiten Weltkrieg fast ausnahmslos motorisiert waren, zogen Einheiten der deutschen und auch der sowjetischen Feldartillerie noch in großem Umfang bespannt in den Krieg. Trotz erheblicher Zunahme der motorisierten Artillerie blieben einige Abteilungen und Batterien noch bis zum Ende des 2. WK bespannt im Einsatz.

Deutsche 10-cm-Kanone 18 während einer Vorführung auf einem Reichsparteitag in Nürnberg.

Foto: Archiv Autor

Eine rasante Entwicklung während des Zweiten Weltkrieges erfuhr die Artillerie auf Selbstfahrlafetten (SFL). Speziell in Deutschland anfänglich in Form von Sturmgeschützen als Unterstützungswaffe für die Infanterie gedacht, zwang der Masseneinsatz von Panzern spätestens ab 1942 zu einem Umdenken in der Panzerabwehr. Weniger bei den Westalliierten als vielmehr bei den deutschen und sowjetischen Streitkräften wurde die Forderung nach einer hochmobilen Panzerabwehr erhoben. Kein Wunder, an ihren Fronten standen sich die mit Abstand größten Panzerkräfte gegenüber. Auf deutscher Seite nutzte man verwendbare Beutegeschütze als auch Pak-Geschütze aus eigener Fertigung und setzte sie auf unterschiedliche Panzerfahrgestelle. Nur kurze Zeit später ging man dazu über, auch Geschütze der Feldartillerie auf Panzerfahrgestelle zu setzen, um damit neue Kräfte der begleitenden Panzerartillerie zu schaffen. Welche zunehmende Rolle man in der Sowjetarmee dem Einsatz von Artillerie-SFL beimaß, kann man vielleicht daran ermessen, dass z.B. 1945 in den fünf Armeen der 1. Belorussischen Front weit mehr SFL als Panzer im Bestand waren.

An der Ostfront im Winter 1942 festgefahrenes deutsches Sturmgeschütz III erhält Unterstützung beim Freikommen durch einen Panzer III.

Foto: Archiv Tamm

Die deutschen SFL der Panzerartillerie mit 10,5- und 15-cm-Haubitzen waren den ausländischen Typen trotz ihres oben offenen Kampfraumes durchaus ebenbürtig, nur, den bis 1945 hergestellten 1395 Exemplaren (10,5-cm »Wespe« und 15-cm »Hummel«) stand für den gleichen Zeitraum ein Ausstoß von 7992 sowjetischen SFL mit Kalibern von 100 bis 152 mm gegenüber. Im Abschnitt »Artillerie auf Selbstfahrlafetten« findet der Leser ausgewählte Beispiele dieser Typenentwicklung.

Bei der Flakartillerie ging die Entwicklung in zwei Richtungen. Aus den Anfängen mit Maschinenkanonen wurden automatische leichte Flak-Geschütze mit Kalibern bis etwa 40 mm (BOFORS). Sie wurden sowohl bei der Luftwaffe/ Luftverteidigung im jeweiligen Staatsgebiet wie auch bei der Truppenluftabwehr an den Fronten eingesetzt. Ihre Hauptaufgabe war die Abwehr von Tieffliegerangriffen, zunehmend wurden sie aber auch im Erdkampf eingesetzt. Mittlere Flak-Geschütze erreichten bis zum Beginn des 2. WK ein Kaliber von 90 mm. Sie waren ebenfalls bei der Luftverteidigung im Heimatgebiet als auch bei Heeres-Flakeinheiten vertreten. Speziell bei der deutschen Wehrmacht wurden Flak-Geschütze auch sehr erfolgreich in der Panzerabwehr eingesetzt (deutsche »Acht-Acht«). Angesichts der im 2. WK ständig zunehmenden Bedrohung durch hoch anfliegende Bomberverbände wurden in Deutschland frühzeitig auch 10,5- und 12,8-cm-Flak-Geschütze entwickelt. Obwohl alliierte Bomberverbände oftmals größere Verluste erlitten – zeitweilig bis zu 15% der teilnehmenden Bomberkräfte –, waren Flak-Geschütze selbst im Verbund mit Jagdfliegerkräften nicht in der Lage, verheerende Flächenangriffe auf deutsche Rüstungszentren und Großstädte abzuwehren. Die Ergebnisse des alliierten Bombenkrieges sind der älteren Generation nur allzu gut in Erinnerung.

Deutsche 8,8-cm-Flak 36 einer RAD-Batterie beim Einsatz im Erdkampf an der Westfront 1944.

Foto: PK-Foto Arnold

Als neue Kräfte der Waffengattung Artillerie griffen ab 1941 reaktive Geschosswerfer in das Kampfgeschehen ein. Obwohl die Voraussetzungen zum Einsatz von Raketen für ein wirksames Flächenfeuer bereits vor dem

Ausbruch des Zweiten Weltkriegs geschaffen wurden, zwang der Kriegsverlauf besonders die Sowjetunion, hier in kürzester Zeit frontreife Systeme zum Einsatz zu bringen. Über die von den deutschen Landsern als »Stalinorgel« bezeichneten Waffensysteme ist bereits vielfach berichtet worden. Deutschland zog mit seinen Nebelwerfern und verschiedenen Wurfgestellen nach. Abgesehen von dem Vorteil der sowjetischen Werfersysteme mit Startgerüsten auf LKW-Basis, trifft für das Kräfteverhältnis sinngemäß das Gleiche zu wie bei den Selbstfahrlafetten der Artillerie. Mit den bis 1945 hergestellten 12.200 Geschosswerfern unterschiedlicher Kaliber verfügten die sowjetischen Armeen über eine großzügige Ausstattung mit Geschosswerferregimentern, die beim Endkampf auch zur Angriffsvorbereitung auf deutsche Großstädte (Königsberg, Berlin) in großer Zahl eingesetzt wurden.

Die generelle Rolle der Artillerie im 2. WK kann man auch an Hand der Anzahl der eingesetzten Geschütze bei größeren Operationen abschätzen. So wurden z.B. bei der Schlacht um Stalingrad von der deutschen Wehrmacht und der verbündeten rumänischen, ungarischen und italienischen Armee bei Beginn der Operation rund 10.200 Geschütze und Granatwerfer eingesetzt. Die Sowjetarmee verfügte an diesem Frontabschnitt über 13.500 Geschütze und Granatwerfer (ohne Geschosswerfer).

Trotz hoher Verluste hatte sie den Vorteil, auch ihre Artilleriekräfte besonders an den Umfassungsabschnitten fast täglich zu verstärken. Der Ausgang der Stalingrader Schlacht mit dem Verlust des gesamtem schweren Geräts auf deutscher Seite ist hinreichend bekannt. Bei der Vorbereitung der »Berliner Operation« wurden im April 1945 durch die drei beteiligten Fronten der Sowjetarmee 22.000 Artilleriegeschütze herangezogen. In den Hauptstoßrichtungen wurde eine Rohrdichte von 270 Geschützen pro Frontkilometer befohlen (in der Tiefe nach Kalibern gestaffelt). Unmittelbar zum Sturm auf Berlin wurden 11.000 Geschütze und Granatwerfer eingesetzt. Vom 21. April bis 2. Mai 1945 wurden mit ihnen 1,8 Mill. Granaten aller Kaliber verschossen. Wie Fotodokumente belegen, wurden selbst im Straßenkampf sowjetische 203-mm-Haubitzen im direkten Richten eingesetzt. Die wenigen Zahlen sollen daran erinnern, mit welchem Materialeinsatz die letzte Schlacht um Berlin geführt wurde. Angreifer und Verteidiger, nicht zu vergessen die Zivilbevölkerung, hatten Hunderttausende von Gefallenen, Toten und Verwundeten zu beklagen.

Sowjetische 203-mm-Haubitze B-4 im Einsatz an der Kalininer Front 1942.
Foto: APN/ Sammlung Krenz

Unmittelbar nach dem Zweiten Weltkrieg war die Situation bei den Artilleriekräften durchaus mit der Zeit nach dem Ersten Weltkrieg zu vergleichen. Bei den Siegermächten verblieben bewährte Geschützsysteme im Bestand bzw. wurden als geringfügig modernisierte Varianten weitergebaut. Mit Beginn des »Kalten Krieges« änderte sich die Situation. Die entstandenen Machtblöcke West (NATO) und Ost (Warschauer Vertrag) beobachteten argwöhnisch jede Entwicklung neuer Waffensysteme. Spätestens Anfang der 50er Jahre wurde eine neue Generation von leichten und mittleren Geschützen entwickelt, bei dem alle Erfahrungen des 2. WK berücksichtigt wurden. Natürlich war nun die Artillerie voll motorisiert. Der Anteil der Artillerie auf Selbstfahrlafetten wurde mit Neukonstruktionen drastisch erhöht. Neben neuen Munitionsarten trat die Nuklearmunition als neue Art der Vernichtungskraft der Artillerie auf den Plan. Kurz vor Beendigung des »Kalten Krieges« standen sich die hoch gerüsteten Machtblöcke auch mit einer erheblichen Artillerieausstattung gegenüber, zwischen denen ein Funke zur Auslösung einer Weltkatastrophe geführt hätte. Die dank der Weitsicht realistischer Politiker und auch Militärs zur Entspannung führenden Schritte sind bekannt. Im Vorwort von Oberstleutnant a.D. Herbert Jäger findet der Leser Gedanken zum heutigen Entwicklungsstand der Artillerie

Deutsche Panzerhaubitze 2000 beim Übungsschießen.
Foto: Betz, BMVg

und die Fragestellung »Quo vadis Artillerie ?«. Bei der Darstellung einiger moderner Geschütze, Selbstfahrlafetten und Panzerhaubitzen findet der Leser Angaben über die heutige Leistungsfähigkeit der Artilleriesysteme.

Auch die Erarbeitung dieses zweiten Bandes wäre ohne die Hilfe und Unterstützung eines größeren Personenkreises in diesem Umfang nicht möglich gewesen. Für die freundliche Unterstützung bei der Beschaffung von Bildmaterial, der Bereitstellung von Informationen sowie für die Zustimmung zur Veröffentlichung von Bildmaterial danke ich dem Direktor des South African National Museum of Military History, Major Keene, dem Direktor des Tøjhusmuseums in Kopenhagen, Herrn Ole F. Frantzen sowie Herrn Fritz. H. Contag von der Rheinmetall W & W GmbH. Weiter gilt mein Dank den Herren Oberstleutnant a.D. Volker Baumann und Oberstleutnant a.D. Herbert Jäger, Präsident und Vizepräsident der Gesellschaft für Artilleriekunde e.V.. Großzügig unterstützten mich auch Herr Oberstleutnant Bollinger, Leiter des Lehrstabes der Artillerieschule der Bundeswehr sowie Herr Generalmajor a.D. R. Großer. Zu Dank verpflichtet bin ich auch Mr. Reta L. Rogers vom U.S. Field Artillery Journal sowie dem Leiter der Lehrsammlung der Panzertruppenschule, Herrn Grube. Mein ganz besonderer Dank gilt Herrn Pierre Touzin aus Frankreich für seine umfangreiche Unterstützung mit Bildmaterial. In dankenswerter Weise unterstützen mich auch die Mitarbeiter der Bildstelle des Bundesministeriums für Verteidigung sowie der Leiter der Wehrtechnischen Studiensammlung des Bundesamtes für Wehrtechnik und Beschaffung, Herr Dr. Rolf Wirtgen.

Für die Überlassung von Bildmaterial und Informationen gilt mein Dank auch den Herren Heiner F. Duske, Manfred Meyer, Wolfgang Fleischer, Erhart Gerecke, E. Krenz, M. Verhaaren, Klaus Kunath, Rudi Roth und Dr. Z. Freivogel.

Herrn Hans Beyer danke ich für die Anfertigung neuer Zeichnungen und Skizzen.

Schließlich gilt mein Dank auch meinen beiden Söhnen Hans-Joachim und Klaus-Peter für ihre immer schussbereite Kamera bei weltweiten Dienst- und Studienreisen.

Möge auch dieser zweite Band über die Heeresgeschütze aus 500 Jahren wieder Wissenswertes vermitteln und Lücken in den Archiven von Historikern und militärtechnisch interessierten Lesern schließen.

Kritzmow/Hamburg, im September 2004

Hans Mehl

Artilleriegeschütze und Geschosswerfer von 1920 bis 1945

Infanterie- und Leichtgeschütze

Deutsches 7,5-cm-leichtes Infanteriegeschütz 18

Das leIG 18 (L/11,2) wurde 1925 von Rheinmetall entwickelt und als Bataillonsgeschütz schon bei der Deutschen Reichswehr ab 1927 eingeführt. Mit nur 400 kg Gefechtsgewicht war es eine für die damalige Zeit praktikable Unterstützungswaffe. Eine Besonderheit bei dem nur 0,884 mm langen Rohr war der gewählte Kippverschluss, ähnlich dem einer Jagdbüchse. Mit der geringen Vo von nur 200 m/s war es allerdings nicht in der Panzerabwehr verwendbar. Anfängliche Ausführungen waren mit Holzrädern ausgerüstet. Eine Version war für den Gebirgseinsatz auch in Teillasten zerlegbar. Für Kraftzug wurden später luftbereifte Räder eingeführt. Als Zugmittel diente oft das NSU-Kettenkrad. Die max. Schussweite mit einer 6,0-kg-Spr.-Gr. lag bei 3370 m. Mit Erhöhungswinkel von +75° war das Geschütz auch als leichte Haubitze gegen gedeckte Ziele einsetzbar. Zu Beginn des 2. WK verfügte die deutsche Wehrmacht über 2933 Geschütze dieses Typs. Das leIG 18 blieb bis 1945 im Einsatz.

Rückansicht des Geschützes mit geöffnetem Kippverschluss. *Fotos: Autor*

Links: Das leIG 18 in der Sammlung des Armeemuseums in Dresden (heute Militärhistorisches Museum der Bundeswehr).

Das 7,5-cm-IG 37 in der Sammlung des Panzermuseums in Munster. *Foto: Autor*

Deutsches 7,5-cm-Infanteriegeschütz 37 L/22

Das ab 1944 eingeführte 7,5-cm-IG 37 war teilweise eine Improvisation zur Bereitstellung eines modernisierten Infanteriegeschützes. Ursprünglich als 7,5-cm-Pak 37 eingeführt, war eine Panzerbekämpfung mit Normalmunition ab 1944 nur in Ausnahmefällen möglich (Vo nur 280 m/s). Als Infanteriegeschütz bewährte sich die nur 510 kg schwere Waffe. Für die Lafette wurden teilweise sowjetische 3,7-cm-Pak-Lafetten obr. 1930 verwendet (Beutegeschütze 158/r). Das 1682 mm lange Rohr war mit Fallkeilverschluss und Vierkammermündungsbremse ausgestattet. Die Höchstschussweite mit einer 5,45-kg-Spr.-Gr. betrug 5150 m. Geschossen wurde nur in der unteren Winkelgruppe von –10° bis +40°.

Schwedische 81/37-mm-Infanterie-Begleitkanone m/34

Geschütze mit zwei Rohren unterschiedlicher Kaliber herzustellen wurde zwar mehrfach praktiziert, jedoch fanden sie keine größere Verbreitung. Ein Typ dieser »Zwillingskanonen« war die bei BOFORS entwickelte Infanterie-Begleitkanone mit einem 37-mm-L/45-Rohr und einem 81-mm-L/20-Rohr, beide mit Schubkurbelverschluss. Der Höhenrichtbereich der gekoppelten Rohre betrug –8° bis +80°. Die Höchstschussweiten betrugen: mit der 37-mm-Gr. (0,7 kg) = 7.100 m, mit der 81-mm-Gr. (4,4 kg) = 6.000 m. Mit dem 37-mm-Rohr konnten auch Pz.-Gr. mit einer Vo von 800 m/s verschossen werden. Das 450 kg schwere Geschütz ließ sich für Tragtiertransport in 6 Teillasten zerlegen.

Die zweiläufigen Infanterie-Begleitkanonen im BOFORS Werk in Karlskoga.
Foto: BOFORS-Katalog 1936.

Sowjetische 76-mm-Regimentskanone obr. 1927

In den 20er Jahren wurde im Konstruktionsbüro der Vereinigung der Waffenarsenale (OAT) damit begonnen, die 3-Zoll (76 mm)-Kanonen der ehem. zaristischen Artillerie zu modernisieren. Als erste Variante wurde die obr. 1913 mit verkürztem Rohr und neuer Lafette beim Geschützwerk in Brjansk in Auftrag gegeben. Das nur kurzzeitig hergestellte Geschütz erhielt die Bezeichnung »76-mm-Kanone (kurz) obr. 1913/25«. Ab 1926 wurde dann eine neue, leichtere Kanone entwickelt, die als Regimentsgeschütz fungieren sollte. Das erste Seriengeschütz obr. 1927 wurde 1928 vom Werk »Krasnyi Putilovez« ausgeliefert. Die Regt.-Kanone obr. 1927 hatte nur eine Vo von 381 m/s und war für eine Panzerbekämpfung wenig geeignet. Ihre Höchstschussweite lag bei 5.800 m/25°. Als Infanteriegeschütz leistete sie in den schweren Abwehrkämpfen 1941/42 jedoch wertvolle Dienste. Am 22. Juli 1941 waren 4708 Geschütze dieses Typs im Bestand. Von der deutschen Wehrmacht in großer Zahl erbeutete Geschütze erhielten die Bezeichnung 7,62-cm-Infanteriekanonenhaubitze 290 (r).

Die sowjetische 76-mm-Regimentskanone obr. 1927 im polnischen Militärmuseum in Kolobrzeg (Kolberg).

Rückansicht der Kanone. *Fotos: Autor*

Sowjetische 76-mm-Regimentskanone obr. 1943

Ab Februar 1943 wurde beschlossen, die 76,2-mm-Rgt.-Kanone wesentlich leichter und beweglicher zu machen. Dazu legte man die modifizierte Rohrwaffe der obr. 1927 in die Lafette der 45-mm-Pak obr. 1942. Trotz verbesserter Munition, es standen nun auch Pz.-Gr. zur Verfügung, musste die Schussweite durch reduzierte Ladung von 8.580 auf 4.200 m herabgesetzt werden. Die Festigkeit der Pak-Lafette war für diese Rohrwaffe nicht ausreichend. Da zwischenzeitlich eine leistungsstarke Divisions- und Korpsartillerie zur Verfügung stand, genügte das Rgt.-Geschütz voll den Anforderungen einer Infanterieunterstützungswaffe. Bis 1945 wurden noch 5122 Geschütze dieses Typs hergestellt.

Amerikanische 75-mm-Haubitze M1A1

Diese 75-mm-Haubitze wurde in den 20er Jahren ursprünglich als Gebirgsgeschütz entwickelt. Mit leichten Holzrädern versehen, konnte sie für einen Mulitransport schnell in sechs Traglasten zerlegt werden. Ihren Haupteinsatz erfuhr sie jedoch als Infanteriegeschütz bei amerikanischen und britischen Luftlandeeinheiten im 2. WK. Auch bei der U.S. Marineinfanterie auf dem pazifischen Kriegsschauplatz kam das Geschütz zum Einsatz. Als Modell MK 8 (Pack howitzer) wurde es mit luftbereiften Rädern versehen und konnte auch auf speziellen Paletten per Fallschirm abgeworfen werden. Das Rohr mit Schraubverschluss hatte eine Länge von 1320 mm. Der Kastenholm war zur Gewichtserleichterung mit runden Ausnehmungen versehen. Der Höhenrichtbereich betrug –5° bis +45°. Mit einer 6,35-kg-Spr.-Gr. hatte die Haubitze eine Höchstschussweite von 8780 m. Eine große Zahl dieser Haubitzen wurde auch zur Bewaffnung der ersten SFL T 30 (Halbkette) und der SFL M8 auf Panzerfahrgestell M5 herangezogen. Auch nach dem 2. WK blieb diese Haubitze unter der Bezeichnung M116 noch längere Zeit in Gebrauch.

Eine 76-mm-Regimentskanone obr. 1943 im Marinemuseum von Gdynia. Foto: Autor

Eine 75-mm-Haubitze MK 8 im Champlin Figther Museum in Mesa, USA. Foto: Schäfer

Amerikanische 105-mm-Haubitze M 3

Um die Wirkung der als Infanteriegeschütze eingesetzten leichten Haubitzen zu erhöhen, wurde ab 1944 eine neue 105-mm-Haubitze M 3 mit kurzem Rohr eingeführt. Bei der 1202 kg schweren Haubitze legte man das verkürzte Rohr der 105-mm-Haubitze M2 in die verstärkte Lafette der 75-mm-Haubitze ein. Bremsen und Vorholer wurden ebenfalls übernommen. Durch verstellbare Achsschenkel konnte sowohl von den Rädern wie auch abgesenkt von einer Stützplatte geschossen werden. Der Höhenrichtbereich ging von –9° bis +65° (Seite 22,5°). Die max. Schussweite mit einer 13-kg-Spr.-Gr. betrug 7540 m. Allerdings war die Streuung auf Grund des kurzen Rohres relativ groß. Die Haubitze war lufttransportfähig und als Unterstützungswaffe bei den U.S. Infanterieeinheiten (Kanonenkompanie) sehr beliebt.

Links: Eine 105-mm-Haubitze M 3 beim Feuerkampf vor dem französischen Carentan, 1944. Foto: Mondadori Dok.-Zentrum

Rechts: Die 105-mm-Haubitze M 3 im Musée du Debarquement in Arromanches. Foto: Verhaaren

Ein 7,5-cm-Leichtgeschütz 40 im U.S. Army Ordnance Museum in Aberdeen.
Foto: Archiv Schweizer

Deutsches 10,5-cm-Leichtgeschütz 42/1

Das von der Rheinmetall-Borsig AG entwickelte 10,5-cm-Leichtgeschütz war eine weitere Version dieser Spezialgeschütze. Auch dieses Geschütz wurde vorrangig bei Fallschirmjägereinheiten eingesetzt, wurde aber auch als Infanteriegeschütz genutzt. Die Rohrlänge mit Düse bei diesem Geschütz beträgt 1836 mm. Verschossen wurden auch hier normale 10,5-cm-Granaten mit Spezialkartuschen (Vo = 350 m/s). Die max. Schussweite mit einer 14,7-kg-Spr.-Gr. betrug 8.000 m. Zum Schießen konnte das nur 490 kg schwere Geschütz auf ein Dreibein abgestützt werden, die Räder kamen dabei frei. Auch dieser Geschütztyp bewährte sich trotz der ihm anhaftenden Nachteile.

Das 10,5-cm-Leichtgeschütz 42/1 im U.S. Army Ordnance Museum in Aberdeen.
Foto: Archiv Schweizer

Deutsches 7,5-cm-Leichtgeschütz 40

Das 7,5-cm-LG 40 wurde ursprünglich als LG 1 von der Firma Krupp entwickelt. In Kooperation übernahm die Rheinmetall-Borsig AG die geringfügig geänderte Konstruktion und fertigte vom LG 40 170 Exemplare. Bei der Firma Dürrkopp-Werke in Bielefeld wurden nochmals 280 dieser Leichtgeschütze hergestellt. Das nur 207 kg schwere Spezialgeschütz war ursprünglich nur für Fallschirmjägereinheiten vorgesehen, wurde aber später ebenfalls als Infanteriegeschütz eingesetzt. Ein erster Gefechtseinsatz erfolgte im Mai 1941 bei der Luftlandeoperation auf Kreta. Das Geschütz verschoss normale 7,5-cm-Granaten mit Spezialkartuschen (Vo = 345 m/s). Als Reichweite wurden maximal nur 6.500 m erreicht. Das (fast) rückstoßfreie Geschütz ließ sich für Fallschirmabwurf in vier Teillasten zerlegen. Der Nachteil des nach hinten austretenden Gasstrahles mit enormer Staubaufwirbelung wurde in Kauf genommen. Allgemein bewährten sich die Leichtgeschütze, waren aber zur Panzerbekämpfung nur bedingt geeignet.

Deutsches 15-cm- schweres Infanteriegeschütz 33 (Beschreibung siehe Farbteil)

Zeichnung: Backer, mit freundlicher Genehmigung von MODELL FAN.

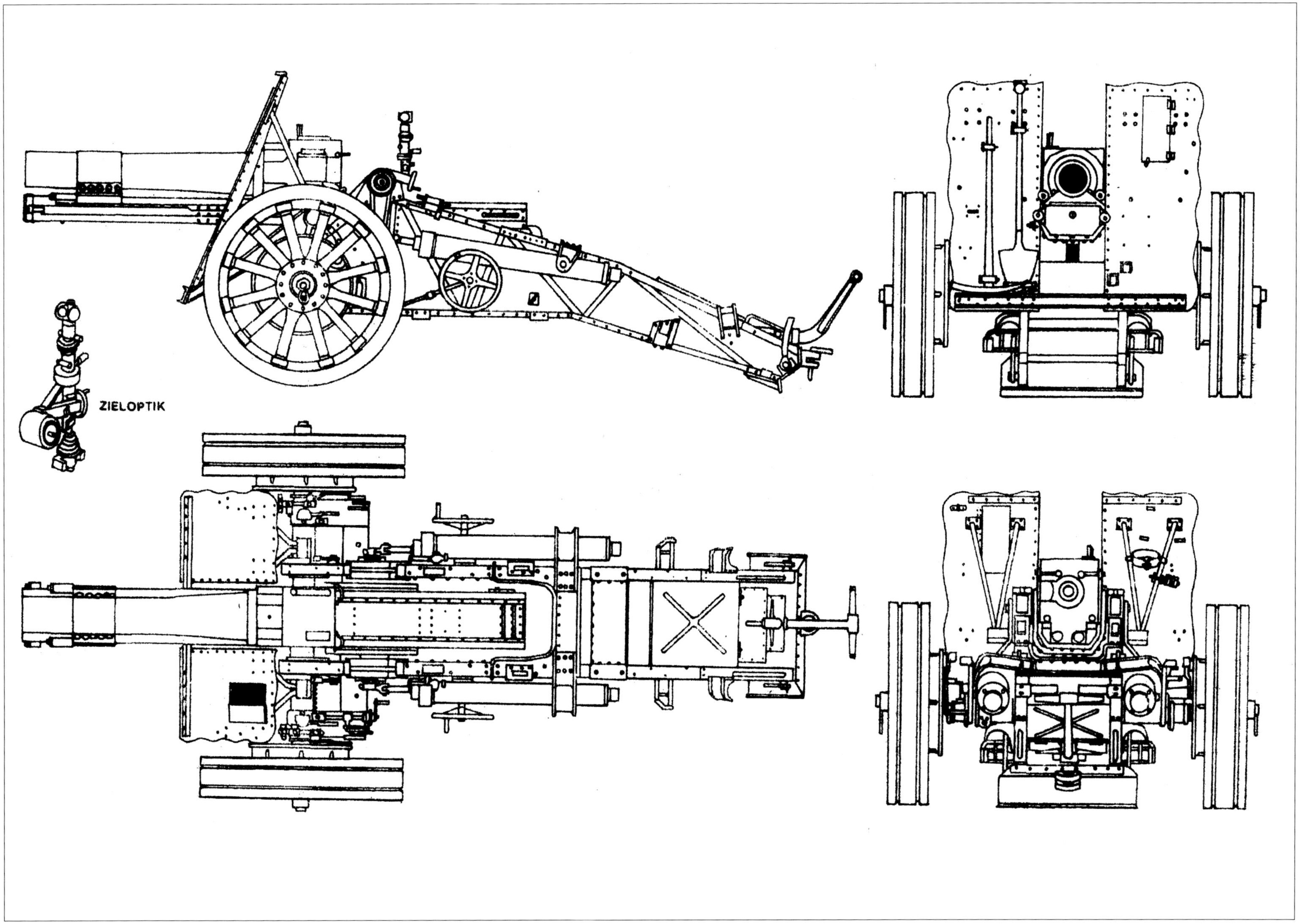

Gebirgsgeschütze

Tschechoslowakische 7,5-cm-Gebirgskanone M.28

Nach der erfolgreichen 7,5-cm-GeBK M.15 für die österreichisch-ungarische Armee brachte die nunmehr tschechoslowakische Waffenfabrik SKODA 1928 eine weiterentwickelte Gebirgskanone mit gleichem Kaliber heraus. Ab 1930 ging eine Exportversion in größeren Stückzahlen nach Jugoslawien, aber auch Griechenland, Kolumbien und Afghanistan erwarben diese Geschütze. Das 710 kg schwere Geschütz ließ sich wieder in 7 Traglasten zerlegen. Für bespannten Zug ließ sich der hintere Teil des Kastenholms hochklappen. Das neue Rohr mit rechtsseitigem Keilverschluss hatte eine Länge von 1345 mm. Der Höhenrichtbereich betrug –9° bis +50°. Die Seite konnte mit 7° durch Verschieben auf der Achse genommen werden. Mit verbesserter, getrennter Munition (6,3-kg-Spr.-Gr., 4 Ladungen) konnte eine max. Schussweite von 9.400 m/50° erzielt werden. In Jugoslawien von der deutschen Wehrmacht erbeutete Geschütze wurden mit der Bezeichnung 7,5-cm-GebK 285(j) weitergenutzt.

Die 7,5-cm-GebK M.28 von SKODA im War Museum von Athen. Foto: Autor

Schwedische 75-mm-Gebirgskanone L/22

Der schwedische Waffenhersteller BOFORS entwickelte ab Mitte der 30er Jahre eine Reihe von Gebirgsgeschützen, von denen einige nach den Wünschen von Exportkunden gefertigt und fortlaufend verbessert wurden (m/29, m/30 u.a.). Das hier dargestellte Modell mit L/22-Rohr war eine verbesserte Version des Modells m/32. Das mit verlängertem Rohr jetzt 790 kg schwere Geschütz konnte in 8 Traglasten zerlegt werden. Der Höhenrichtbereich betrug trotz Kastenlafette –10° bis +50° (Seite 6°). Mit einer 6,5-kg-Spr.-Gr. betrug die Höchstschussweite mit maximaler Zusatzladung 10.000 m.

Saumlast der 7,5-cm-GebK L/22 auf Tragtier. Der Einheitssattel ermöglichte das Verlasten aller Teile auf jedem beliebigen Sattel. Fotos: Katalog BOFORS 1936

Die schwedische 7,5-cm-GebK L/22 aus dem Lieferprogramm von BOFORS.

Die japanische 75-mm-GebK Typ 94 mit Spreizlafette und Schutzschild.
Foto: Japanese Combat Weapons

Schweizer 7,5-cm-Gebirgskanonen Lizenz BOFORS

Neben dem Import von Gebirgsgeschützen wurden einige Modelle bzw. Teile von ihnen nach Lizenzverträgen auch in der Schweiz hergestellt. Eine dieser Versionen war die 7.5-cm-GebK M 1924. Hier wurde die Rohrwaffe noch direkt von der schwedischen Firma BOFORS geliefert, während die relativ moderne Lafette mit Spreizholmen bei den schweizerischen Konstruktionswerkstätten in Thun gefertigt wurden. Das Geschütz war mit gummibereiften Stahlrädern bereits für Kraftzug ausgelegt. Die Höchstschussweite mit einer 6,5-kg-Spr.-Gr. betrug hier bereits 10.000 m. Ein zweites Modell war die 7,5-cm-Motor-Gebirgskanone 38, die bereits vollständig unter Lizenz von BOFORS in der Schweiz hergestellt wurde. Das mit luftbereiften Rädern für Kraftzug ausgelegte Geschütz wog in der Feuerstellung 905 kg. Mit in der Schweiz hergestellter Munition (6,0-kg-Spr.-Gr.) wurde mit diesem Geschütz eine max. Schussweite von 11.600 m erreicht.

Japanische 75-mm-Gebirgskanone Typ 94

Das 1934 bei der japanischen Gebirgsartillerie eingeführte Geschütz M 94 war ein verbessertes Modell des Typs 41. Das L/20-Rohr war mit einem horizontalen Schubkurbelverschluss ausgestattet. Das 540 kg schwere Geschütz ließ sich für Mannschaftstransport in 11 Lasten und für Tragtiertransport in 6 Lasten zerlegen. Die Spreizlafette ermöglichte einen Höhenrichtbereich von –9° bis +45°. Die max. Schussweite mit einer 6,21-kg-Spr.-Gr. betrug 7.960 m. Das Geschütz wurde bis Kriegsende auch im Dschungelkampf eingesetzt.

Die in Lizenz von BOFORS hergestellte 7,5-cm-Motor-Gebirgskanone 38. *Foto: Touzin*

Links: Die 7,5-cm-GebK M 1924 in der Lehrsammlung der Artillerieschule der Bundeswehr in Idar-Oberstein. *Foto: Autor*

Deutsches 7,5-cm-Gebirgsgeschütz 36

Das 7,5-cm-Gebirgsgeschütz wurde von der Firma Rheinmetall entwickelt und erprobt, seine Serienherstellung erfolgte jedoch bei der Firma R. Wolf in Magdeburg-Buckau. Das als Standardgeschütz für die deutsche Gebirgsartillerie vorgesehene Geschütz wog in der Feuerstellung rund 750 kg. Für einen Tragtiertransport ließ es sich in 8 Teillasten zerlegen. Transportiert wurde es aber auch einspännig mit Infanteriekarren als Protze, gezogen durch NSU-Kettenkrad auf Rädern, Schneekufen und Schlittenlafette. Das 1450 mm lange Rohr war mit einem Schubkurbelverschluss und Mündungsbremse ausgestattet. Der Höhenrichtbereich betrug –2° bis +70° (Seite 40°). Als Höchstschussweite wurden mit der 5,74-kg-Spr.-Gr. 34 AI 9250 m erreicht (Vo = 475 m/s). Ab 1940 wurde die Lochbremse gegen eine Schlitz-Mündungsbremse ausgetauscht. Bis März 1945 wurden von diesem Geschütz mehr als 1190 Exemplare hergestellt (genaue Anzahl nicht bekannt).

Das 7,5-cm-Gebirgsgeschütz M.39 von Kongsberg in einem Denkmalspark im norwegischen Lapphaugen. *Foto: Meyer*

Ein 7,5-cm-Gebirgsgeschütz 36 mit alter Lochbremse im Museum im norwegischen Trondenes. *Foto: Meyer*

Norwegische 7,5-cm-Gebirgskanone M.39

Die neue Lafette für eine 7,5-cm-GebK wurde ab 1937 von der norwegischen Firma Kongsberg entwickelt. Als Rohrwaffen wurden vorhandene 7,5-cm-Rohre der Firma Rheinmetall aus Arsenalbeständen genutzt (Bodenstücke tragen Bezeichnungen der Rheinischen Metallwaren und Maschinenfabrik Düsseldorf, M 1902). Die luftbereiften Räder sind an beweglichen Achsschenkeln angebracht, sodass in Hoch- und Tieflage geschossen werden konnte. Das 2250 mm lange Rohr ist mit einem Nordenfeldt-Verschluss ausgestattet. Inwieweit diese Geschütze bei der deutschen Besetzung Norwegens noch zum Einsatz gekommen sind, ist nicht bekannt. Nach norwegischen Aussagen sollen einige dieser Geschütze im Hochgebirge verborgen worden sein, um sie ggf. zu einem späteren Zeitpunkt wieder einsetzen zu können. Ein zweites dieser seltenen Geschütze ist auch im Sammlungsbestand des Vorsvarsmuseet in Oslo.

Britische 3.7-inch-Gebirgshaubitze MK I

Die Entwicklung dieser 94-mm-Gebirgshaubitze begann bereits 1915 bei Vickers, Sons & Maxim. Offiziell im Februar 1917 eingeführt, kam die Haubitze vorrangig bei in Frankreich kämpfenden indischen Truppenteilen zum Einsatz. Bis zum Ende des 1. WK wurden insgesamt 70 Exemplare hergestellt. Ursprünglich mit Holzrädern versehen, konnte das 750 kg schwere Geschütz für einen Muli-Transport in 8 Teillasten zerlegt werden. Eine Besonderheit war das in zwei Teile zerlegbare Rohr, das beim Zusammensetzen mittels einer Überwurfhülse verschraubt wurde. Die Höchstschussweite mit einer 9,08-kg-Spr.-Gr. (Ladung Nr. 5) betrug 5490 m. Das Geschütz wurde nach dem 1. WK noch weiterproduziert. In den 30er Jahren erhielten die Geschütze luftbereifte Räder für Kraftzug. Im 2. WK erfolgte ihr Einsatz auch als Infanteriegeschütz in britischen Infanteriedivisionen. Auch in Nordafrika wurden sie von südafrikanischen Einheiten eingesetzt. Selbst nach dem 2. WK wurden Geschütze dieses Typs nach einer Generalinstandsetzung ins Ausland verkauft bzw. abgegeben (zweites Geschütz siehe Farbteil).

Eine 3.7-inch-Gebirgshaubitze MK II in Lafette MK IV P im Südafrikanischen Nationalmuseum für Militärgeschichte in Saxonwold.
Foto: SA National Museum of Military History

Panzerabwehr- und Panzerjägerkanonen

Französische 25-mm-Pak Mle 1934 und Mle 1937

Die Anfang der 30er Jahre von dem französischen Waffenhersteller Hotchkiss et Cie in St. Denis entwickelte 25-mm-Pak wurde ab 1935 bei der Truppe eingeführt. Die in eine Einachslafette mit zweiteiligem Schutzschild eingelegte Waffe hatte eine Rohrlänge von 1.800 mm (halbautomatischer Fallkeilverschluss). Der Höhenrichtbereich betrug anfangs nur –5° bis +15° (später auf +21° erhöht). Bei einer Vo von 918 m/s durchschlug die 0,32-kg-Pz.-Gr. in Schussentfernung von 500 m eine 40 mm starke Panzerung. Die Mle 1934 war im Mai 1940 mit einer Stückzahl von rund 4.500 Geschützen ein Standardgeschütz der französischen Panzerabwehr. Auch Großbritannien erwarb eine größere Anzahl dieser Geschütze. Von der deutschen Wehrmacht erbeutete Geschütze dieses Typs erhielten die Bezeichnung 2,5-cm-Pak 112 (f), wurden aber nur im besetzten Frankreich bei der Küstenverteidigung eingesetzt (Atlantik-Wall). Kurz nach der Einführung der Mle 1934 entwickelte auch die staatliche Waffenfabrik Atélier Puteaux (APX) eine gleichkalibrige Pak, die jedoch um 180 kg leichter ausgeführt wurde (in Feuerstellung 310 kg). Äußeres Kennzeichen der Mle 1937 von APX war die um das Rohr gelegte Feder als Rücklaufbremse. Das 1925 mm lange Rohr war hinter dem dreiteiligen Schutzschild in einer Kugelblende gelagert. Einige Geschütze erhielten bereits die Halbspeichenräder der späteren 47-mm-Pak. Die ballistischen Leistungen waren annähernd die gleichen wie die der Mle 1934. Die deutsche Bezeichnung erbeuteter Geschütze lautete hier 2,5-cm-Pak 113 (f).

Ausbildung an der 25-mm-Pak Mle 1934. *Foto: Archiv Touzin*

Eine 25-mm-Pak Mle 1937 im Champlin Figther Museum in Mesa, USA. *Foto: Schäfer*

Deutsche 3,7-cm-Pak beim ersten Kriegseinsatz an der deutsch-französischen Front 1939. *Foto: Archiv Tamm*

Deutsche 3,7-cm-Pak 36

Die ab 1930 durch die Firma Rheinmetall entwickelte 3,7-cm-Pak war bei Beginn des 2. WK das Standard-Pak-Geschütz der deutschen Wehrmacht. Im August 1939 waren bei allen Infanterie-, Panzer- und Gebirgsdivisionen mehr als 11.000 Geschütze im Bestand. Darüber hinaus wurde diese Pak an mehrere Länder geliefert bzw. dort in Lizenz nachgebaut (u.a. Sowjetunion, Niederlande, Uruguay). Das in der Feuerstellung nur 432 kg schwere Geschütz hatte eine Spreizlafette mit Rohrholmen. Der Höhenrichtbereich betrug –5° bis +25°, Seite 60°. Das ausschließlich für den Kraftzug vorgesehene Geschütz hatte luftbereifte Räder (3,7-cm-Pak noch Holzräder). Das L/45-Rohr war mit einem Schubkurbelkeilverschluss versehen. Zum Schutz der Bedienung gegen Infanteriefeuer war ein 5-mm-Schutzschild vorgesehen. Die effektive Schussweite mit einer 0,68-kg-Pz.-Gr. betrug 600 m. Auf 500 m konnte eine 48 mm starke Panzerung bei 90° Auftreffwinkel durchschlagen werden (später auch Hartkernmunition). Allerdings reichte diese Durchschlagsleistung schon bald nicht mehr aus, um mittlere Panzer erfolgreich bekämpfen zu können. Obwohl diese Pak schrittweise durch neue 5-cm- und 7,5-cm-Pak-Geschütze ersetzt wurde, blieben viele Geschütze noch bis 1945 in Gebrauch.

Eine 3,7-cm-Pak 36 im Militärmuseum Del Castillo de Montjuich in Barcelona. *Foto: K.P. Mehl*

Japanische 37-mm-Pak Typ 94 (1934)

Auch in Japan legte man sich Anfang der 30er Jahre bei der Entwicklung einer Pak auf das Kaliber 37 mm fest. Das Geschütz Typ 94 sollte gleichzeitig auch als leichtes Infanteriegeschütz genutzt werden. Charakteristisch dafür auch die niedrige Lage des Rohres fast in Achshöhe. Das Rohr verfügte über einen horizontalen Schubkurbelkeilverschluss. Bei der Spreizlafette konnten an den Holmenden Erdanker eingeschlagen werden. Für bespannten Zug war das Geschütz mit Holzrädern versehen, für Kraftzug wurden Stahlscheibenräder aufgesetzt. Die Höchstschussweite betrug 4550 m. Mit einer Vo von 700 m/s wurde eine Durchschlagsleistung von 34 mm/900 m/0° erreicht. Ab 1942 ging man bei der japanischen Panzerabwehr auch zum Kaliber 47 mm über (Pak Typ 1).

Eine schwedische 37-mm-Pak M 1934 im Champlin Figther Museum in Mesa, USA. *Foto: Schäfer*

Eine japanische Pak Typ 94 im Seabee Museum in Port Huenne, USA. *Foto: Autor*

Schwedische 37-mm-Pak L/45M 1934

Eine für die damalige Zeit leistungsstarke Pak schuf ab 1934 auch die schwedische Waffenfirma BOFORS. Das Geschütz wurde an mehrere Staaten geliefert und in Polen in Lizenz gebaut. Die in größerer Stückzahl an Großbritannien gelieferten Geschütze erhielten die Bezeichnung »Ordnance Q.F. 37 mm MK 1«. Das in einer Spreizlafette mit Rohrholmen eingelegte L/45-Rohr hatte einen halbautomatischen Fallkeilverschluss. Anfänglich mit Speichenrädern versehen, wurden später Stahlscheibenräder für einspänniges Fahren mit einer kleinen Munitionsprotze vorgesehen. Das Gewicht mit Scheibenrädern in der Fahrstellung betrug 385 kg. Mit einer 0,7-kg-Pz.-Gr. erreichte man eine Vo von 800 m/s. Auf 400 m Entfernung wurde eine 37 mm starke Panzerung noch bei einem Auftreffwinkel von 30° durchschlagen (40 mm/600 m/0°). Die Höchstschussweite mit einer Spr.-Gr. betrug 4500 m. Von der deutschen Wehrmacht im 2. WK in Polen erbeutete Geschütze erhielten die Bezeichnung »3,7-cm-Pak 36 (p)«.

Amerikanische 37-mm-Pak M3

Die 37-mm-Pak wurde ab 1937 durch das U.S. Army Ordnance Department entwickelt. Nach dem Vorseriemuster T3 wurde die Pak als M3 1939 eingeführt. Das mit einer Spreizlafette ausgeführte Geschütz wog in der Feuerstellung 410 kg. Das lange L/56-Rohr hatte einen Fallkeilverschluss. Mit einer Vo von 792 m/s konnte mit einer 0,87-kg-Pz.-Gr. eine Panzerung von 53 mm auf 500 m Schussentfernung durchschlagen werden (Auftreffwinkel bis 70°). Der erste Kampfeinsatz erfolgte 1942 in Nordafrika. Obwohl die Durchschlagsleistung schon bald nicht mehr den Anforderungen genügte, sind bis 1943 einschließlich des verbesserten Modells M3 A1 rund 20.000 Exemplare hergestellt worden. Beim U.S. Marine Corps wurde das Geschütz mit vergrößertem Schutzschild auch als Infanteriegeschütz und als »Scharfschützenkanone« (long range sniper weapon) auf dem pazifischen Kriegsschauplatz eingesetzt.

Eine amerikanische 37-mm-Pak M3 A1 auf dem Militärtreffen 2003 in Beltring, Großbritannien. Foto: Touzin

Vorführung einer 2-pdr-Pak vor ausländischen Militärattachés 1939.
Foto: Krupp R-Mitteilungen 4/1939

Britische 2-pdr-Pak MK VII

Ab 1937 wurde bei der britischen Armee die für die damalige Zeit leistungsstarke 2-pounder(40 mm)-Pak eingeführt. Die von Vickers-Armstrong entwickelte Pak wurde bis zum Beginn des 2. WK in mehreren Varianten gebaut. Eine Besonderheit war die frühe Verwendung einer Dreiholmlafette, die ein Rundumfeuer von 360° ermöglichte. Zur Panzerbekämpfung standen 0,9-kg-Pz.-Gr. zur Verfügung, mit denen auf 1.000 m Schussentfernung eine 42 mm starke Panzerung durchschlagen wurde (Vo = 800 m/s). Mit einem Gefechtsgewicht von rund 790 kg war sie in Bezug auf das Kaliber ein recht schweres Geschütz. Auf Dreiholmlafette mit großem Schutzschild wurde das Geschütz auch im Buschkrieg im Fernen Osten eingesetzt. Beim Rückzug der britischen Truppen aus Frankreich (Operation »Dynamo«, 1940) mussten auch viele dieser Geschütze zurückgelassen werden. Einige von der deutschen Wehrmacht erbeutete und weitergenutzte Geschütze erhielten die Bezeichnung »4-cm-Pak 192 (e)«.

Eine von südafrikanischen Truppen genutzte 2-pdr-Pak im südafrikanischen National Museum für Militärgeschichte in Saxonwold.
Foto: SA National Museum of Military History

Britische 2-pdr-Pak MK VII

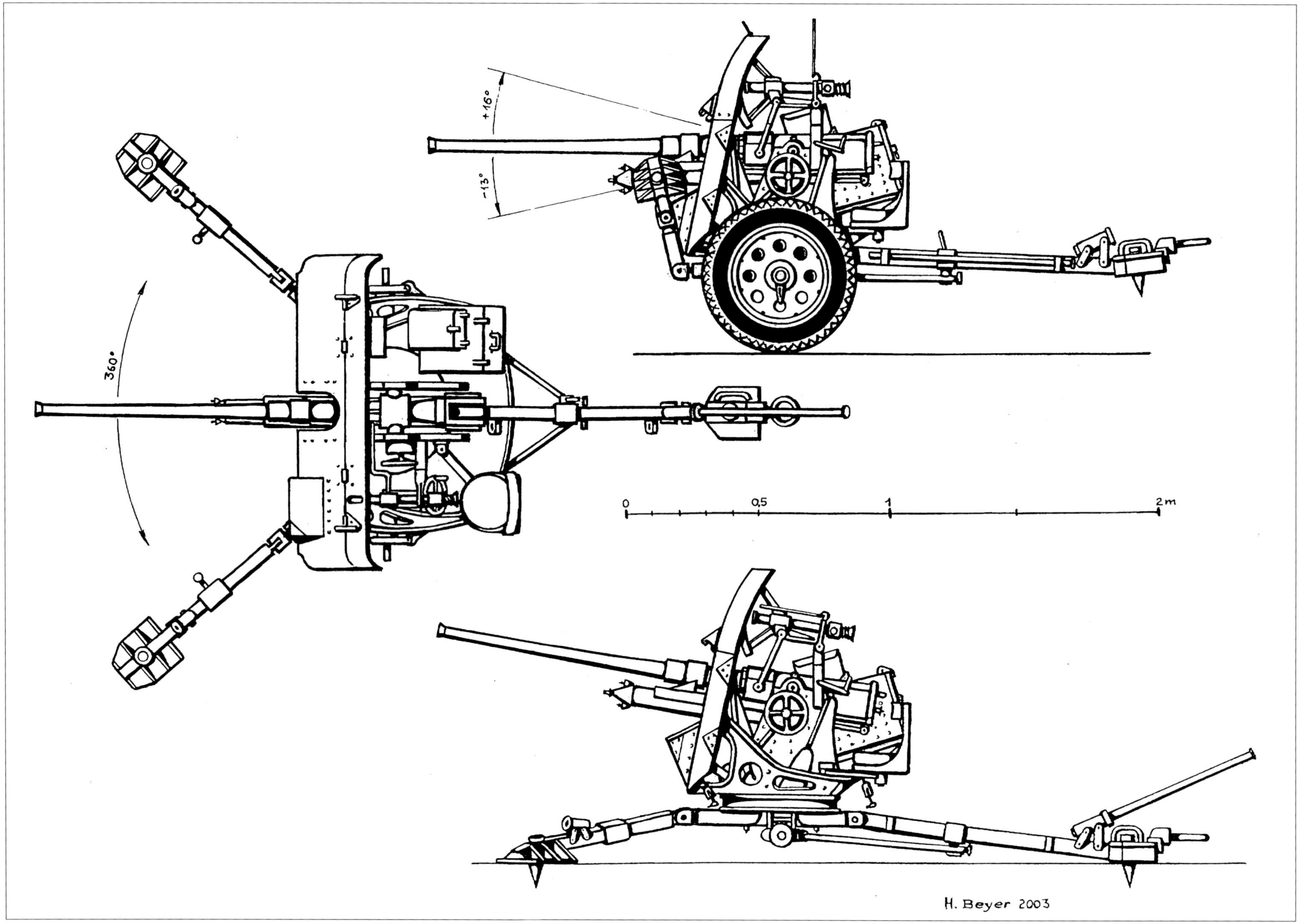

Sowjetische 45-mm-Pak obr. 1937 und obr. 1942

Nachdem die Sowjetunion von Deutschland sowohl 37-mm-Pak-Geschütze wie auch die Lizenz zum Nachbau (Modell 1-K) erworben hatte, begann man jedoch frühzeitig an Entwürfen für eine 45-mm-Pak zu arbeiten. Schon 1932 wurde ein erstes Geschütz mit Werks-Index 19-K erprobt. Nach Abschluss der Erprobungen wurde die Produktion im Werk »Krasnyi Putilovez« aufgenommen. Das noch in die Lafette der 37-mm-Pak eingelegte Rohr hatte eine Länge von 2072 mm. Ab 1937 erfolgte eine Modernisierung dieser Pak (Werks-Index 53-V). Beim neuen L/46-Rohr wurde auch ein neuer Verschluss eingeführt. Die Lafette wurde überarbeitet und neue Munition eingeführt. Das überwiegend noch bespannt gefahrene Geschütz wog jetzt 450 kg. Mit einer 1,4-kg-Pz.-Gr. erreichte man eine Vo von 747 m/s. Von den Modellen obr. 1932 und obr. 1937 wurden bis 1941 insgesamt 13.647 Geschütze hergestellt. Eine nochmalige Leistungssteigerung erfolgte mit dem verbesserten Modell obr. 1942 (M 42). Das Rohr wurde erneut auf 3070 mm verlängert und mit weiter verbesserter Munition nun eine Vo von 885 m/s erreicht. Mit einer neuen Hartkerngranate, Vo jetzt 1070 m/s, konnte eine Panzerung von 95 mm auf einer Schussentfernung von 300 m durchschlagen werden. Von allen Modellen der 45-mm-Pak sind bis 1946 insgesamt 48.537 Exemplare hergestellt worden. Nach dem 2. WK wurde die M 42 auch an verbündete Ostblockstaaten abgegeben.

Eine 45-mm-Pak obr. 1937 im Marinemuseum in Gdynia, Polen. *Foto: Autor*

Die modernisierte 45-mm-Pak obr. 1942 im Memorialpark von Banska Bystrica in der Tschechoslowakei (heute Slowenien).

Die italienische 47-mm-Kanone M 35 wurde von südafrikanischen Truppen in Nordafrika erbeutet.
Foto: SA National Museum of Military History

Britische Truppen mit erbeuteten italienischen 47-mm-Geschützen in einer Panzerabwehrstellung vor Tobruk.
Foto: Der Zweite Weltkrieg/Bertelsmann

Italienische 47-mm-Kanone 47/32 M35

Die italienische »Cannone da 47/32 modello 35« ist ein Lizenzbau der österreichischen Firma Böhler. Die ab 1935 eingeführte Kanone wurde bei Breda gefertigt und kam als Infanteriegeschütz, als Pak wie auch als Gebirgsgeschütz zum Einsatz. Der Normaltransport des 227 kg schweren Geschützes erfolgte mit zwei aufgesteckten Stahlrädern mit Gummibelag. Für einen Gebirgstransport konnte das Geschütz in 5 Traglasten zerlegt werden. Meist wurde mit Dreipunktauflage geschossen, wozu vor den gespreizten Holmen noch ein Stützteller abgeklappt wurde. Der Höhenrichtbereich ging von –10° bis +56° (Seite 60°). Mit der schweren 2,37-kg-Spr.-Gr. wurde eine max. Schussweite von 4.300 m erreicht. Zum Panzerkampf stand eine 1,5-kg-Pz.-Gr. zur Verfügung (Vo = 630 m/s). In Nordafrika erbeuteten die Alliierten eine große Zahl dieser Geschütze, von denen 100 Exemplare im Depot von Alexandria wieder einsatzbereit gemacht wurden und bevorzugt bei alliierten Fallschirmjägereinheiten zum Einsatz kamen. Von der deutschen Wehrmacht ab 1943 beschlagnahmte Geschütze erhielten die Bezeichnung »4,7-cm-Pak 177 (i)«.

Französische 47-mm-Pak Mle 1937 (APX)

Für die Ausrüstung von Panzerabwehrbatterien in den französischen Infanteriedivisionen entwickelte der staatliche Waffenhersteller Atélier de Puteaux ab 1935 eine 47-mm-Pak mit hydraulischer Rücklaufbremse und Luftvorholer. Das 2491 mm lange Rohr war mit einem halbautomatischen Fallkeilverschluss ausgestattet. Der Höhenrichtbereich betrug –13° bis +16°, Seite 68°. In der Feuerstellung wog das Geschütz 1050 kg. Mit einer Vo von 855 m/s durchschlug eine 1,72-kg-Pz.-Gr. eine 70 mm starke Panzerung in 800 m Schussentfernung. Mit dieser Durchschlagsleistung war das Geschütz eines der besten Panzerabwehrkanonen zu Beginn des 2. WK. Bis Mai 1940 konnten allerdings erst 1120 Geschütze an die Truppe ausgeliefert werden. Von der deutschen Wehrmacht erbeutete Geschütze erhielten die Bezeichnung »4,7-cm-Pak 181 (f)«. Auch sie wurden nur im besetzten Frankreich bis etwa 1944 eingesetzt.

Deutsche 5-cm-Pak 38

Unter Berücksichtigung der internationalen Panzerentwicklung war bereits 1938 ein Auftrag zum Entwurf einer 5-cm-Pak an die Rheinmetall-Borsig AG erteilt worden. Im März 1940 konnten die ersten 18 Versuchsgeschütze ausgeliefert werden. Das L/63,5-Rohr (Rohrlänge 3187 mm) wurde erstmalig mit einer Mündungsbremse versehen. Das Geschütz verfügte über eine Drehstabfederung und doppelten 4-mm-Schutzschild. Mit dem Geschütz wurden 2,25-kg-Pz.-Gr. und später 0,85-kg-Hartkerngranaten verschossen. Die Hartkerngranate (Wolframkern) durchschlug in 500 m Entfernung eine Panzerung von 120 mm Stärke (Pz.-Gr. auf 500 m durchschlug 75 mm Panzerung). Beim Auftreten der sowjetischen Panzer T-34 war auch dieses Geschütz an seine Leistungsgrenze angelangt, blieb aber ebenfalls bis 1945 im Einsatz. Die Produktion dieser Geschütze wurde im Dezember 1943 eingestellt. Zur Leistungssteigerung der vorhandenen Geschütze gab es Versuche, durch Aufbohren auf 7,5 cm – das Rohr musste dazu gekürzt werden – die Anzahl der 7,5-cm-Panzerjägerkanonen zu erhöhen. Das so geschaffene Geschütz erhielt die Bezeichnung »7,5-cm-Pak 50«, ging aber nicht mehr in Serie.

Eine Bedienung mit ihrer 5-cm-Pak 38 beim Übungsschießen und …

Eine französische 47-mm-Pak Mle 1937 im War Museum von Athen. Foto: Autor

… beim Stellungswechsel an der französischen Kanalküste.
Fotos: Archiv Tamm

Sowjetische 57-mm-Pak ZIS-2 obr. 1943

Eine 57-mm-Pak F-31 wurde bereits 1940 vom Konstruktionsbüro Nr. 8 unter Leitung von Dr. W.G. Grabin entwickelt. 1941 folgte ein verbessertes Modell ZIS-1 KB, von dem jedoch nur einige Versuchsgeschütze hergestellt wurden (Einsatz auf SFL SU-57). Eine Serienproduktion wurde vor Kriegseintritt der Sowjetunion jedoch nicht aufgenommen. Erst das Auftreten der neuen deutschen Panzer »Panther« und »Tiger« zwang die Verantwortlichen, 1943 eine leistungsstärkere Pak als die »45er« einzuführen. Man nutzte nun die geleisteten Vorarbeiten von Grabin und konnte innerhalb von nur drei Wochen die Fertigung einer neuen 57-mm-Pak im Werk Nr. 92 aufnehmen. Das jetzt 4160 mm lange Rohr erhielt den halbautomatischen Fallkeilverschluss der 76,2-mm-Div.-Kanone ZIS-3, womit für die Pak die gleichen Kartuschen verwendet werden konnten. Das Rohr wurde auch in die Lafette der Divisionskanone eingelegt (Gewicht in der Feuerstellung 1150 kg). Mit der 3,14-kg.-Pz.-Gr. erreichte man eine Vo von 1270 m/s. Damit konnte auf einer Entfernung von 500 m eine Panzerung von 86 mm bei einem Auftreffwinkel bis zu 60° durchschlagen werden (Unterkalibergranate 100 mm/500 m/60°). Die Pak wurde im Juni 1943 offiziell als »57-mm-PTP obr. 1943« eingeführt. Wenig bekannt, dass auf Bitte des britischen Kriegsministeriums auch fünf dieser Geschütze im Rahmen des Lend-Lease-Abkommens für ein Vergleichsschießen mit der britischen 6-pounder-Pak nach Großbritannien geliefert wurden. 1944 betrug die Jahresproduktion bereits 2525 Geschütze. Bis 1949 sind insgesamt 13.339 Geschütze dieses Modells hergestellt worden. Sie wurden nach dem 2. WK auch an alle verbündeten Armeen des Warschauer Vertrages geliefert.

Links: Eine 57-mm-Pak ZIS-2 aus dem Bestand der ehem. NVA der DDR.

Rechts: Rückansicht des Geschützes. *Fotos: Autor*

Britische 6-pdr-Pak MK II (7-cwt)

Die leistungsstarke 6-pounder(57 mm)-Pak wurde ab 1941 nacheinander bei der britischen Armee, den Commonwealth-Streitkräften und bei der U.S.-Armee eingeführt. In den USA und in Kanada erfolgte ein modifizierter Nachbau dieses Geschützes. Auch die Sowjetunion erhielt im Rahmen des Lend-Lease-Abkommens 500 dieser Pak-Geschütze. Verschossen wurden anfänglich 2,72-kg-Pz.-Gr. mit einer Vo von 820 m/s. Die effektive Schussweite betrug 1.500 m. Fortlaufend modernisiert – u.a. wirkungsvolle Mündungsbremse – kamen ab 1944 erstmalig auch Unterkalibergranaten mit Treibspiegel zum Einsatz (Vo = 1230 m/s). Mit diesen 1,47-kg-APDS-Granaten wurde auf 1000 m Entfernung eine Panzerung von 146 mm durchschlagen (Auftreffwinkel bis 60°). In der Feuerstellung wog dieses Geschütz 1144 kg. Die Pak wurde nach dem 2. WK auch an andere Staaten verkauft.

Eine 6-pounder-Pak MK II aus dem Bestand der dänischen Armee im Tøjhusmuséet in Kopenhagen. Foto: Autor

Eine 57-mm-Pak M1A1 anlässlich der 50. Wiederkehr des »D-day« im französischen Ambleteuse. Foto: Schäfer, 4/1994

Amerikanische 57-mm-Pak M 1

Zur schnellen Einführung von 57-mm-Pak-Geschützen bei der U.S.-Armee entschloss man sich Anfang 1942 zum Nachbau der britischen 57-mm-Pak (6-pdr-AT gun). Die Pak erhielt bei der U.S.-Fertigung ein längeres L/52,1-Rohr, eine neue Seitenrichtmaschine und andere Räder. Schon 1942 konnten die ersten Geschütze aus U.S.-Produktion nach Nordafrika verlegt werden. Das 1215 kg schwere Geschütz war auch für Lastenseglertransport geeignet (Gleiter CG 4 A). Mit der 3,3-kg-Pz.-Gr. aus U.S.-Fertigung wurde eine Vo von 820 m/s erreicht. Auf 900 m Entfernung konnte eine 90 mm starke Panzerung durchschlagen werden (Auftreffwinkel 90°). Die Höchstschussweite mit einer Spr.-Gr. betrug 9880 m. Das Geschütz wurde mehrmals geringfügig modernisiert (M1A1, M1A3). Bis Ende 1944 sind von diesen Modellen über 16.000 Exemplare gebaut worden. Einige wurden auch auf Halbkettenfahrzeugen aufgebaut.

Deutsche 7,5-cm-Pak 40

Der Entwicklungsauftrag für eine 7,5-cm-Pak – später als Panzerjägerkanone bezeichnet – wurde 1939 bei den Firmen Krupp und Rheinmetall-Borsig ausgelöst. Ende 1941 konnten die ersten Geschütze für die Front bereitgestellt werden. Bei der 7,5-cm-Pak von Rheinmetall handelte es sich im Prinzip um eine vergrößerte Version der 5-cm-Pak 38. Wesentliche Elemente wie Spreizlafette, doppelwandiges Schutzschild und Mündungsbremse wurden beibehalten. Mit dem L/46-Rohr erreichte man mit einer 6,8-kg-Pz.-Gr. eine Vo von 790 m/s. Damit konnte auf 500 m Entfernung eine 132-mm-Panzerung durchschlagen werden (Hartkern-Vo = 920 m/s, Durchschlag 154 mm/500 m/90°). Die Höchstschussweite mit einer normalen Spr.-Gr. betrug 8.100 m/22°. Ein Nachteil des Geschützes war sein hohes Gewicht von 1425 kg. Es konnte kaum im Mannschaftszug bewegt werden. Von der Parallelentwicklung durch Krupp, der 7.5-cm-Pak 41 mit konischem Rohrteil, wurden nur ca. 150 Geschütze gebaut, dann die Fertigung wegen Mangel an Wolfram für die Geschossherstellung eingestellt.

Rückansicht der 7,5-cm-Pak 40 (Panzermuseum Munster). *Fotos: Autor*

Eine 7,5-cm-Pak im Tøjhusmuséet in Kopenhagen.

Britische 17-pdr-Pak MK I

Angesichts der absehbaren Einführung neuer, besser gepanzerter deutscher Panzertypen begann ab 1940 die Entwicklung einer leistungsstärkeren 17-pounder-Pak (76,2 mm), die ab 1942 zur Truppe gelangte. Bei einer ersten Ausführung wurde die Rohrwaffe in die Kastenlafette der 25-pdr-Kanonen-Haubitze gelegt. Nach Erprobungen wurden diese Geschütze sofort für britische Truppen nach Nordafrika verschifft. Nachfolgende Modelle erhielten eine neue Lafette mit Spreizholmen. Auch bei dieser Pak wurden nach den konventionellen Pz.-Gr. (Vo = 884 m/s) ab 1944 Unterkalibergranaten mit Treibspiegel eingeführt. Mit einer Vo von nunmehr 1200 m/s konnte bei einer Schussentfernung von 1000 m eine Panzerung von 230 mm/60° durchschlagen werden. Mit 16,5° Erhöhung konnte außerdem mit Spr.-Gr. eine max. Schussweite von 9.100 m erreicht werden. Diese 17-pounder-Rohrwaffe kam auch bei den Panzerjäger-SFL »Achilles« und »Archer« zum Einbau.

Rechts: Eine 17-pounder-Pak (AT gun) MK I in Lafette MK I (L) im südafrikanischen Nationalmuseum für Militärgeschichte.
Foto: SA National Museum of Military History

Amerikanische 3-inch-Kanone M 5 in Lafette M 6

Die 76,2-mm-Kanone M5 war ursprünglich nicht als Panzerabwehrgeschütz entwickelt worden. Sie sollte die ältere französische, in den USA modifizierte 75-mm-Kanone M 2 als leichte Feldkanone ablösen. Ihre Rolle als Pak übernahm sie erst ab 1943 bei den Kämpfen in Nordafrika. Entstanden war das Geschütz durch die Verwendung der 76-mm-Rohrwaffe der Flak M 3, welche in die Lafette der 105-mm-Haubitze M2A1 eingelegt wurde. Trotz ihres hohen Aufzuges bewährte sich die Kanone auch als Pak. Der Höhenrichtbereich betrug hier nur –5° bis +30° (Seite 22,5°). Mit einer Vo von 790 m/s wurde mit einer 6,75-kg-Pz.-Gr. eine 105 mm starke Panzerung auf 500 m durchschlagen (Auftreffwinkel bis 60°). Die Höchstschussweite mit Spr.-Gr. betrug 14.560 m. In der Feuerstellung wog diese Kanone 2193 kg. Nach der Herstellung von ca. 2.500 Geschützen bei Pullmann Standard und Roc Island Arsenal wurde die Produktion 1944 eingestellt. Als Nachfolgetypen wurden ab 1944 90-mm-Pak-Geschütze entwickelt, von denen einige noch in verschiedenen Versionen hergestellt wurden.

Eine 76-mm-Kanone M 5 im U.S. Proving ground Arizona. *Foto: Autor*

Sowjetische 100-mm-Kanone BS-3 (obr. 1943)

Neben den seit 1941 in der Entwicklung befindlichen 85-mm-Kanonen U-10 und BL-25 (später D-44) stellte 1944 die Hauptverwaltung der Artillerie die Forderung, eine noch leistungsstärkere Kanone mit einem Kaliber um 100 mm auf der Basis bereits vorhandener Konstruktions- bzw. Fertigungsunterlagen zu entwickeln. Zur Auswahl standen die Rohrwaffen der 107-mm-Divisionskanone M 60, der 122-mm-Korpskanone A-19 sowie das 100-mm-Marinegeschütz B-34. Man entschied sich für die Marinekanone und übernahm von ihr auch den halbautomatischen Fallkeilverschluss und die Kartuschen für die Munition. Obwohl eine Universalverwendung gefordert wurde, sollte die Hauptverwendung doch in der Panzerabwehr bestehen. Das 5604 mm lange Rohr erhielt eine Zweikammermündungsbremse, die 60% der Rückstoßkräfte aufnahm. Die Leichtbaulafette erhielt kleine Zwillingsräder und bei sowjetischen Geschützen erstmalig eine Drehstabfederung. In der Feuerstellung wog das Geschütz 3455 kg. Als Zugmittel wurde der mittlere LKW GAZ-AA vorgesehen. Mit einer 15,9-kg-Pz.-Gr. wurde eine Vo von 895 m/s erreicht. Damit wurde eine Durchschlagsleistung von 110 mm/1.000 m/60° erzielt. Mit einer neu entwickelten Unterkalibergranate Typ »Kolzo« soll eine Vo von 1650 m/s erreicht worden sein (Durchschlag 200 mm/500 m/90°). Die im Eiltempo eingeleitete Herstellung dieser Kanone erfolgte im Leningrader Arsenal (Werk Nr. 7) und im gleichfalls in Leningrad befindlichen Werk Nr. 232 »Bolshewik«. Noch bis Ende 1944 konnten 341 Geschütze an die Fronten abgegeben werden. Bis 1951 wurden von diesem Modell insgesamt 3513 Geschütze hergestellt.

Eine 100-mm-Kanone BS-3 im Militärmuseum von Kolobrzeg (Kolberg). Links: die 85-mm-Kanone D-44. Foto: Autor

Sowjetische 100-mm-Kanone BS-3

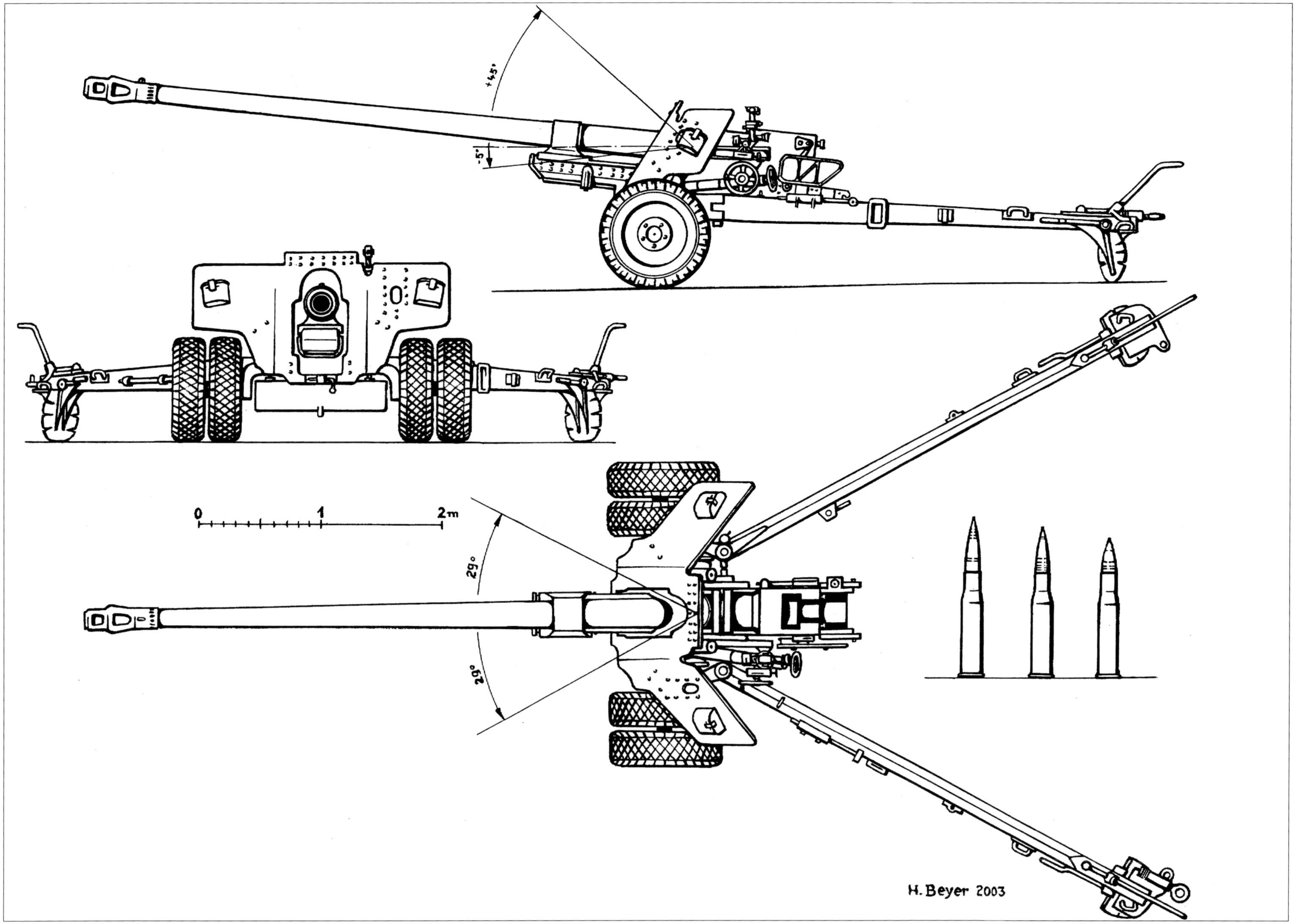

Leichte und schwere Feldkanonen

Französische 75-mm-Kanone Mle 1928

Die 75-mm-Kanone war eine Gemeinschaftsentwicklung von Schneider & Cie. und St. Chamond. Das 4.000 mm lange Rohr ist mit einer aufgeschraubten Mündungsbremse und einem Schraubverschluss ausgestattet. Rücklaufbremse und Vorholer befinden sich unter dem Rohr. Die Höchstschussweite mit einer 6,1-kg-Spr.-Gr. lag bei 9.500 m. Die entwickelten Rohrwaffen von Schneider wurden ab 1934 hauptsächlich zur Produktion von Flak-Geschützen eingesetzt.

Eine an Griechenland gelieferte 75-mm-Kanone Mle 1928, Werks-Nr. 85, im War Museum von Athen. *Foto: Autor*

Deutsche 7,5-cm leichte Feldkanone 18

Als Ersatz für die 7,5-cm-FK 16 n.A. wurde durch die Firma A. Krupp bereits 1930/31 eine neue 7,5-cm-FK entwickelt, deren Herstellung aber erst 1938 aufgenommen wurde. Zu diesem Zeitpunkt war sie für die reitende Artillerie einer Kavalleriebrigade vorgesehen (Batterie zu 4 Geschützen). Das L/26-Rohr war mit einem horizontalen Schubkurbelkeilverschluss ausgestattet. In einer Spreizlafette mit

Eine 7,5-cm-le.F.K. 18 in der Wehrtechnischen Studiensammlung des BWB in Koblenz. *Foto: Autor*

Kastenholmen betrugen die Richtbereiche –5° bis +45°, Seite 60°. Als Höchstschussweite mit einer 5,83-kg-Spr.-Gr. wurden 9425 m erreicht (Vo = 425 m/s). In der Feuerstellung wog das Geschütz 1120 kg. 1938 wurde noch eine Exportversion unter der Bezeichnung 7,5-cm-FK 38 hergestellt, von der durch die deutsche Feldartillerie auch 80 Geschütze übernommen wurden. Von der le.F.K. 18 sollen bis November 1940 insgesamt 1.924 Exemplare hergestellt worden sein. Beide Typen dieser Feldkanone waren noch bis 1945 im Einsatz.

Schwedische 7,5-cm-Feldkanone m/34

Die 7,5-cm-FK m/34 war eine Weiterentwicklung der ursprünglich mit Kastenholm gefertigten Kanone von BOFORS. Nunmehr mit Spreizlafette kam das verbesserte Geschütz auf ein Gewicht in der Feuerstellung von 1350 kg. Eine Neuerung war auch eine unabhängige Radfederung, die in der Feuerstellung verriegelt wurde. Der Höhenrichtbereich mit L/40-Rohr betrug –5° bis +45° (Seite 50°). Mit einer 6,5-kg-Spr.-Gr. wurde eine max. Schussweite von 12.000 m erreicht (Vo = 625 m/s). Von diesem Geschützmodell und der weiter verbesserten m/40 wurden auch 20 Geschütze an Belgien und 52 an Argentinien und Siam geliefert.

Die 7,5-cm-FK m/34 im BOFORS-Werksmuseum in Karlsgoga.
Foto: Meyer

Sowjetische 76-mm-Divisionskanone F-22 obr. 1936

Das Projekt für eine neue 76,2-mm-Div.-Kanone wurde 1934 im Werk Nr. 92 unter Leitung von Dr. W.G. Grabin entwickelt (Nachfolgemodell der F-20). Die ersten 10 Geschütze wurden 1936 zur Erprobung ausgeliefert. Bis zum Einmarsch der deutschen Wehrmacht in die damalige Sowjetunion waren 2844 Geschütze des Modells F-22 an die Truppe ausgeliefert. Das Rohr mit einem halbautomatischen Fallkeilverschluss hatte eine Länge von 3895 mm (L/51). Die Höchstschussweite mit einer 6,2-kg-Spr.-Gr. betrug 10.400 m. Im Verlauf der Rückzugsgefechte der Sowjetarmee wurden von der deutschen Wehrmacht rund 560 Geschütze dieses Typs erbeutet. Ab 1942 wurde der Auftrag erteilt, den größten Teil der Beutegeschütze für die Panzerabwehr umzubauen. Um deutsche Munition nutzen zu können, wurde der Ladungsraum aufgebohrt, das Rohr erhielt eine Mündungsbremse. Die deutsche Bezeichnung als Pak lautete nun »7,62-cm-Panzerabwehrkanone 36«. Mit der 7,54-kg-Pz-Gr. 39 erreichte man eine Durchschlagsleistung von 106 mm/1370 m/90°. Einerseits wegen ihres hohen Gewichts – in der Feuerstellung 1710 kg –, andererseits zur Erhöhung der Beweglichkeit der Panzerabwehr wurde ab 1943 ein großer Teil dieser umgebauten Beutekanonen auf Panzerfahrgestelle aufgebaut. U.a. wurden dazu die Fahrgestelle der Panzer II D und E (Sd.Kfz. 132) sowie 38 (t), (Sd.Kfz. 139) genutzt. Die so bestückten Fahrzeuge erhielten die Bezeichnung »Panzerselbstfahrlafette 1« bzw. »Panzerjäger 38(t)«.

Eine F-22-Div.-Kanone als Umbauversion »7,62-cm-Pak 36« im U.S. Army Ordnance Museum in Aberdeen, USA.
Foto: Archiv Schweizer

Sowjetische 76-mm-Divisionskanone ZIS-3 obr. 1942

Ab 1939 wurde die 76-mm-Div.-Kanone F-22 modernisiert und als 76-mm-Div.-Kanone USW obr. 1939 in die Bewaffnung aufgenommen (22. Juni 1941 1170 Geschütze). Unter der angespannten Lage nach Einmarsch der deutschen Wehrmacht in Russland wurde nach neuen Möglichkeiten gesucht, die Divisionskanone mit vereinfachten Technologien in großen Stückzahlen herzustellen (Blechprägetechnik, Schweißverbindungen, Rohrholme). Erstmalig bei sowjetischen Geschützen dieses Kalibers wurde die Waffe auch mit einer Mündungsbremse ausgerüstet. Schon bis Ende 1942 konnten 10.139 der nunmehr als »ZIS-3« bezeichneten Kanone an die Truppe ausgeliefert werden. Das nur 1.200 kg schwere Geschütz wurde anfänglich noch bespannt gefahren. Mit einer Rohrerhöhung von 37° wurde mit der Spr.-Gr. eine Höchstschussweite von 13.290 m erreicht. Gleichzeitig war das Geschütz zur Panzerbekämpfung geeignet. Bis 1945 wurden insgesamt 48.002 (!) Geschütze in zwei Werken hergestellt (Werk Nr. 92 und Werk Nr. 235). Deutsche Beutegeschütze wurden mit der Bezeichnung »7,62-cm-Feldkanone 288 (r)« bevorzugt bei den Panzerjägereinheiten eingesetzt. Von den deutschen Landsern erhielt diese Kanone die Bezeichnung »Ratsch-Bum« (zuerst schlug die Granate ein, erst danach hörte man den Abschussknall).

Eine 76-mm-Div.-Kanone ZIS-3 aus dem Bestand der ehem. NVA im Armeemuseum der DDR (heute Militärhistorisches Museum der Bundeswehr). *Foto: Autor*

Bespannte Artillerie mit der 76-mm-Kanone USW rückt in die zurückeroberte Stadt Kiew ein. *Foto: 50 Jahre Sowjetstreitkräfte*

Sowjetische 76-mm-Kanone L-17 in Kasemattlafette obr. 1939

Während in anderen Ländern Ende der 30er Jahre bei Geschützen für Festungen oder befestigte Linien meistens adaptierte Feldkanonen in Schartenbunker oder Sonderbauten (Regelbauten) genutzt wurden, entwickelte man in der Sowjetunion eine Reihe spezieller Bunkerkanonen, von denen einige noch bis 1947 hergestellt wurden. Eine davon war die 76,2-mm-Kanone in Kasemattlafette obr. 1939. Für diese Konstruktion wurde die KWK (Tankkanone) L-11 genutzt. Als Kaponiergeschütz war ihr Einbau in Betonbunker bzw. im Krieg auch in Stahlbunker vorgesehen. Das Geschützrohr war von einem Panzerrohr umgeben, die kugelartige Blende hatte eine Stärke von 80 mm. Im Mai 1939 erhielt das Kirov-Werk den Auftrag zum Bau von 600 Kasemattkanonen mit der verbesserten Rohrwaffe L-17. Das erste Geschütz wurde 1940 in einen Verteidigungsbunker eingebaut. Der Höhenrichtbereich betrug –9° bis +13°. Die Höchstschussweite betrug 7.300 m/12°, hauptsächlich war jedoch die Nahverteidigung vorgesehen. Weitere Versionen waren die 76-mm-Kasemattkanone DOT-2 sowie die modernere 76-mm-Kanone F-38. Einige dieser Geschütze leisteten wertvolle Dienste bei den schweren Abwehrkämpfen im Jahre 1941. Oft mussten deutsche Sturmpioniere diese Geschützbunker im Nahkampf ausschalten. Nach dem 2. WK entwickelte man noch 100-mm- und 130-mm-Kasemattkanonen ZIF-25 und ZIF-29, die jedoch keine weitere Verbreitung fanden.

Oben: Eine 76-mm-Kasemattkanone L-17 im Artilleriemuseum von St. Petersburg. *Foto: Autor*

Eine L-17-Kanone im Betonbunker mit Stahlscharte.
Foto: PK-Foto

Eine 105-mm-FK von Ansaldo im Militärmuseum in Barcelona. Foto: K.P. Mehl

Französische 105-mm-Feldkanone Mle 1934

Die 105-mm-FK wurde von Schneider et Cie., Le Creusot, entwickelt und hergestellt. Die Rohrlänge betrug 1948 mm, der Höhenrichtbereich –8° bis +43° (Seite 45°). Die Höchstschussweite mit einer 15,7-kg-Spr.-Gr. betrug 10.700 m (Vo = 465 m/s). In der Feuerstellung wog dieses Geschütz 1722 kg. Obwohl in Frankreich als »Canon de 105 court mle 1934« bezeichnet, erhielten im 2. WK von der deutschen Wehrmacht erbeutete Geschütze die Bezeichnung »10,5-cm leichte Feldhaubitze 324 (f)«. Sie verblieben meist im besetzten Frankreich, wurden aber auch bei deutschen Heeres-Küstenbatterien (HKB) eingesetzt.

Die französische 105-mm-Feldkanone Mle 1934. *Foto: Touzin*

Italienische 105-mm-Feldkanone Schneider-Ansaldo L 13 S

Die 105-mm-FK ist eine Weiterentwicklung der von der französischen Firma Schneider entwickelten Feldkanone Mle 1913. Die modernisierte Version L 13 S wurde unter Lizenz bei Ansaldo in Turin gefertigt. Während des 2. WK erhielten die meisten Geschütze luftbereifte Räder für Kraftzug. Das Rohr hatte eine Länge von 2360,5 mm Länge. Der Höhenrichtbereich betrug 0° bis +37° (Seite 6°). Mit einer 15,7-kg-Spr.-Gr. erreichte dieses Geschütz eine max. Schussweite von 13.700 m/37° (Vo = 550 m/s). In der Feuerstellung wog das Geschütz 2300 kg (Fahrstellung 2650 kg).

Eine schwere 10-cm-Kanone 18 erlitt einen Rohrkrepierer. Holzunterlagen und Bastmatten sollten ein weiteres Einsinken verhindern. *Foto: Archiv Fleischer*

Deutsche schwere 10-cm-Kanone 18

Die schwere 10-cm-Kanone 18 wurde in den Jahren von 1926 bis 1930 von Rheinmetall (Rohrwaffe) und Krupp (Lafette) entwickelt. Die Einführung bei der Heeresartillerie erfolgte 1933. Anfänglich wurde das in Fahrstellung 6434 kg schwere Geschütz bespannt in zwei Lasten gefahren. Beim Mot.-Zug erfolgte das Fahren einlastig mit zurückgezogenem Rohr. In der Spreizlafette hatte die L/52-Rohrwaffe einen Höhenrichtbereich von 0° bis +45° (Seite 60°). Mit einer 15,5-kg-Gr. 19 betrug die max. Schussweite 19.075 m. Für die Panzerbekämpfung stand eine 15,56-kg-Pz.-Gr. rot zur Verfügung (Vo = 822 m/s). 1944 war noch eine größere Anzahl dieser Geschütze bei den schweren Artillerieabteilungen im Bestand, ein Teil wurde in der Küstenverteidigung eingesetzt (HKB). Das in der Feuerstellung 5640 kg schwere Geschütz hatte mit einem Kaliber von 105 mm eine zu geringe Wirkung im Ziel.

Die schwedische 10,5-cm-FK m/34 im Tøjhusmuséet in Kopenhagen.

Schwedische 10,5-cm-Feldkanone m/34

Die leistungsstarke 10,5-cm-Feldkanone wurde ab 1934 von dem schwedischen Waffenhersteller BOFORS in Karlskoga hergestellt. Das Geschütz gab es mit und ohne Schutzschild. Das L/42-Rohr ist mit einem horizontalen Schubkurbelverschluss ausgestattet (ältere Modelle hatten Schraubverschluss). In Spreizlafette betrug der Höhenrichtbereich –3° bis +45° (Seite 60°). Die Rohrausgleicher wurden vor dem Schutzschild angeordnet. Mit einer 15,8-kg-Spr.-Gr. erreichte man eine max. Schussweite von 17.300 m (Vo = 785 m/s). In der Feuerstellung wog das Geschütz 3260 kg. Gefahren wurde es mit Kraftzug auf Aufliegerprotze und zurückgezogenem Rohr.

Rückansicht mit Rohr in Fahrlage. *Fotos: Autor*

Britische 25-pounder-Kanonen-Haubitze MK I

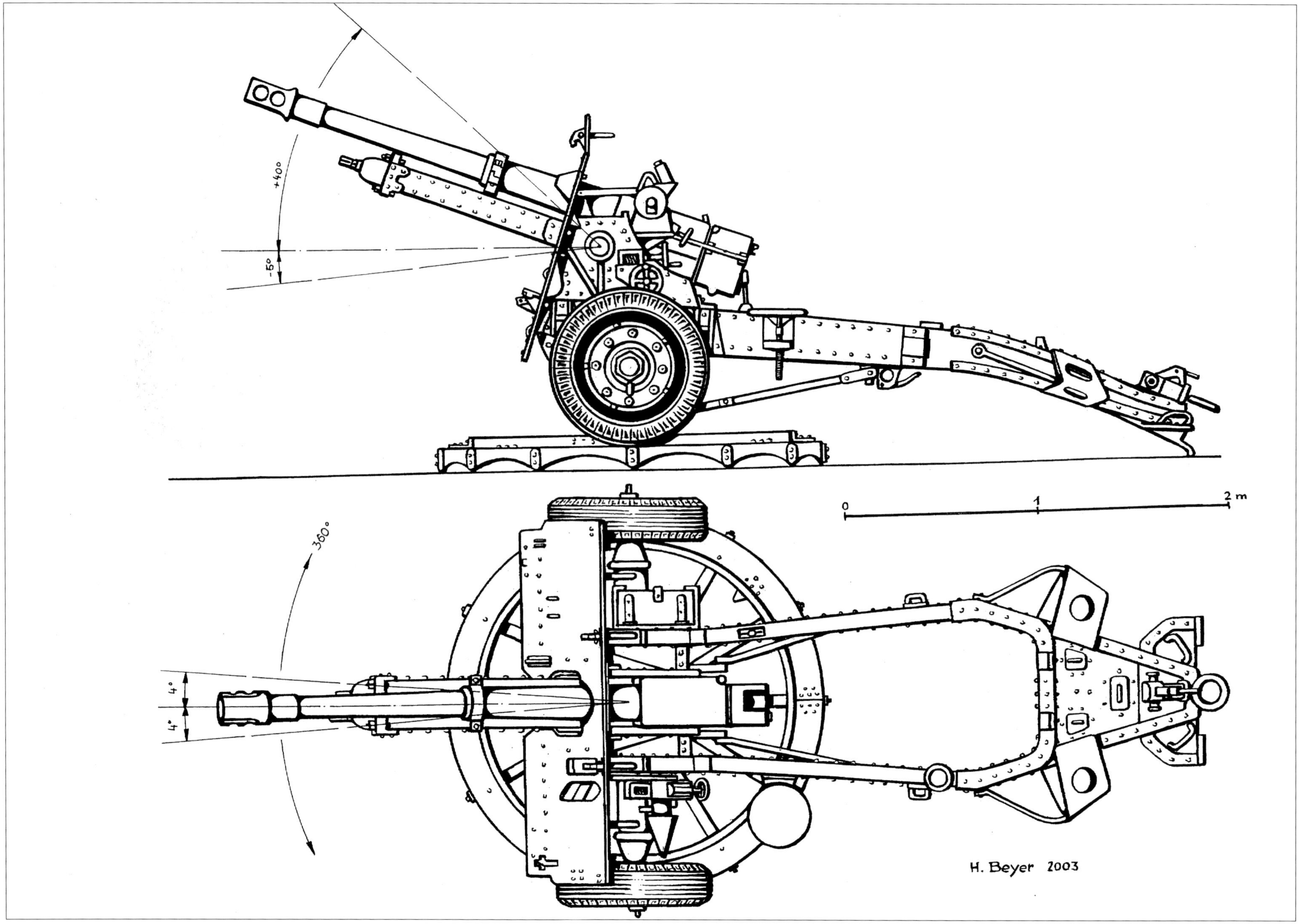

Sowjetische 107-mm-Divisionskanone M-60

Im Oktober 1938 vergab die Hauptverwaltung der Artillerie (GAU) an das Geschützwerk Nr. 172 in Perm den Auftrag, eine neue 107-mm-Div.-Kanone zu entwickeln. Nach Prüfung von vier Projekten (M-25, M-45 u.a.) wurde der Entwurf der M-60 bestätigt. Schon Mitte 1939 gingen die ersten vier Geschütze in die Werkserprobung. Bis Oktober 1940 gingen zwei komplette Batterien in die Truppenerprobung. Als Zugmittel wurde der Schlepper CT3-5 vorgesehen. Die Serienproduktion wurde dem Geschützwerk Nr. 352 in Novotsherkas übertragen. Bis 1941 sind hier noch 103 Kanonen hergestellt worden. Nach dem Einmarsch der deutschen Wehrmacht wurde das Geschützwerk evakuiert, Novotsherkas von den Deutschen besetzt. Obwohl die Entwicklung der M-60 nicht ohne Widersprüche verlief, war sie ein durchaus leistungsstarkes Geschütz. Immerhin betrug die Höchstschussweite mit einer 4,46-kg-Spr.-Gr. OF-420 17.450 m (später sogar 18.300 m). Die Produktion wurde nach der Evakuierung zugunsten einer Massenherstellung anderer Geschützmodelle jedoch nicht wieder aufgenommen.

Eine 107-mm-Divisionskanone M-60 im Artilleriemuseum von St. Petersburg. Foto: Autor

Britische 5.5-inch-Kanone MK III

Zur Ablösung der alten 60-Pfünder-Kanone (127 mm) aus der Zeit des 1. WK wurde schon ab 1930 an der Entwicklung einer neuen 5-inch-Kanone gearbeitet. 1939 ging man zum Kaliber 5.5-inch (139,7 mm) über und fertigte 1940 erste Prototypen. Nach Erprobungen und Änderungen wurde das Geschütz 1941 offiziell eingeführt. In einer Spreizlafette – sie wurde auch für die neue 4.5-inch-Kanone verwendet – kam das Geschütz auf ein Gefechtsgewicht von 6190 kg. Mit zwei luftbereiften Rädern war die Kanone ausschließlich für den Kraftzug ausgelegt. Das 4358 mm lange Rohr war mit einem Schraubverschluss versehen. Der Höhenrichtbereich betrug –5° bis +45° (Seite 60°). Die max. Schussweite mit einer 45,3-kg-Spr.-Gr. betrug 14.820 m. Ein erster Gefechtseinsatz erfolgte 1942 in Nordafrika. Geschütze dieses Typs waren auch bei der südafrikanischen, der pakistanischen und bei der neuseeländischen Artillerie im Einsatz. Das bei der Royal Artillery beliebte Geschütz blieb noch bis in die 70er Jahre in Gebrauch, in Südafrika und Neuseeland sogar bis Anfang der 80er Jahre.

Eine 5.5-inch-Kanone MK II/III in Lafette 4.5/5.5 MK II (L) im südafrikanischen National Museum für Militärgeschichte. Foto: SA National Museum of Military History

Belgische 120-mm-Feldkanone M 31

Die 120-mm-FK wurde von dem belgischen Waffenhersteller S. J. Cockerill in Liege entwickelt und ab 1934 der Truppe zugeführt. 1939 waren 24 Geschütze dieses Modells im Bestand der belgischen Feldartillerie. Das L/37-Rohr hatte einen Fallkeilverschluss. Der Höhenrichtbereich ging von 0° bis +38°. Bei einer Vo von 720 m/s erreichte man mit einer 21,9-kg-Spr.-Gr. eine max. Schussweite von 17.500 m. In der Feuerstellung wog das Geschütz 5450 kg. Einige Geschütze wurden beim Einmarsch deutscher Truppen in Belgien erbeutet und als »12-cm-Kanone 370 (b)« bei Küstenbatterien (HKB) weitergenutzt.

Sowjetische 122-mm-Korpskanone A-19 obr. 1931

Die Entwicklung einer 122-mm-Korpskanone begann bereits 1927 im Werk »Barrikade« noch unter Leitung des bekannten Konstrukteurs F. F. Lender. Der Bau eines ersten Versuchsgeschützes erfolgte 1931 im Geschützwerk in Perm. Eine erste Serie von 30 Geschützen folgte 1933 (Geschützwerk »Barrikade«). Die offizielle Einführung erfolgte erst im März 1936. Das 5650 mm lange Rohr war in einer Oberlafette gelagert, die erstmalig schwenkbar auf der Spreizholmlafette angeordnet war. Das Geschütz hatte einen Höhenrichtbereich von –4° bis +45° (Seite 52°). Mit einer 25,2-kg-Spr.-Gr. wurde anfänglich eine max. Schussweite von 14.300 m erreicht. 1937 erfolgte bereits eine Modernisierung der Kanone. Die gleiche Rohrwaffe wurde jetzt in die Lafette der 152-mm-Kanonen-Haubitze gelegt. Die Richthöhe wurde auf 65° erhöht. Mit verbesserter Munition erreichte man jetzt eine max. Schussweite von 18.400 m. Bis 1946 wurden insgesamt 2926 dieser Korpskanonen obr. 1931 und obr. 1931/37 hergestellt. Eine modifizierte Rohrwaffe dieses Typs wurde später auch zum Einbau in die SFL ISU-122 genutzt.

Die 122-mm-Korpskanone A-19 obr. 1931/37 im Artilleriemuseum in St. Petersburg. *Foto: Autor*

Eine belgische 120-mm-FK M 31 in der Lehrsammlung der Artillerieschule der Bundeswehr in Idar-Oberstein. *Foto: Autor*

Deutsche 12,8-cm-Kanone 44

Obwohl von den in Deutschland neu entwickelten 12,8-cm-Kanonen nur je ein Prototyp hergestellt wurde, soll hier kurz der Weg zur Schaffung von Mehrzweckkanonen mit Schwerpunkt Panzerabwehr aufgezeigt werden. Die Firmen Krupp und Rheinmetall entwickelten ab 1943 je einen Versuchstyp, allerdings mit unterschiedlichen Lafetten. Bei der Krupp-Kanone war das 7023 mm lange Rohr mit Mündungsbremse in eine Oberlafette eingelegt, die ihrerseits auf einem Rollendrehkranz auf der Unterlafette mit drei Holmen aufgesetzt war (360° Rundumfeuer). Zum Fahren dienten zwei Einachsgestelle, deren Räder beim Schießen angehoben wurden. Das Geschütz erreichte mit einer 28,0-kg-Spr.Gr. eine Höchstschussweite von 22.400 m (!). In der Panzerabwehr konnte mit einer 18,3-kg-Pz.-Gr. (Vo = 1000 m/s) auf einer Schussentfernung von 1000 m eine Panzerung von 230 mm/60° durchschlagen werden. Das Geschütz wog in der Feuerstellung 10.160 kg. Beim Geschütz von Rheinmetall verwendete man das gleiche Rohr, jedoch waren hier für das Fahren zwei Achsen an der Oberlafette und eine Achse am hinteren Holmende vorgesehen. Da die Rohrfertigung einen Vorlauf hatte, kam es noch zu Kompromisslösungen, bei denen fertige Rohrwaffen in die Lafetten von Beutegeschützen eingelegt wurden (z.B. in franz. 155-mm-GPF-T). Außerdem wurde die Rohrwaffe auch als Panzerjägerkanone in den »Jagdtiger« eingebaut.

Französische 155-mm-Kanone Mle 1932

Das von Schneider Anfang der 30er Jahre entwickelte Geschütz war sowohl für die Feldartillerie wie auch für eine mobile Küstenartillerie (Marine) vorgesehen. Das rund 16,4 Tonnen schwere Geschütz konnte einlastig mit zurückgezogenem Rohr gefahren werden. Zum Schießen wurde es auf eine Kreisplattform abgesetzt und konnte mechanisch nach jeder Seite mit 80° gerichtet werden (Höhe –8° bis +45°). Das für die damalige Zeit außergewöhnlich lange L/50-Rohr ermöglichte mit einer 50-kg-Spr.-Gr. eine max. Schussweite von 25 km (!). Einige der von der deutschen Wehrmacht erbeuteten Geschütze wurden während der Besetzung im Atlantik-Wall eingesetzt (15,5-cm-K 424 (f)). Nach dem 2.WK noch intakte Geschütze wurden zeitweilig noch bei der französischen Armee genutzt.

Oben: Prototyp der 12,8-cm-Kanone 44 von Krupp in Fahrstellung.
Foto: Weapons and Warfare Vol. 1

Rechts: Die 155-mm-Kanone in Fahr- ...

... und in Feuerstellung. *Fotos: Krupp R-Mitteilungen 1939*

Sowjetische 152-mm-Kanonen-Haubitze obr. 1937 (ML-20)

Zur Ablösung noch vorhandener Geschützmodelle mit einem Kaliber von 152,4 mm aus der Zeit des 1. WK wurden ab 1932 Neuentwicklungen eingeleitet. Als Übergangslösung entstand in dieser Zeit die noch von Grabin überarbeitete 152-mm-Korpskanone obr. 1910/34. Da dieses Geschütz jedoch nicht den Anforderungen genügte – es wurden nur 225 Exemplare gebaut –, entwickelte man im Konstruktionsbüro Nr. 172 in Perm zwei Varianten einer 152-mm-Kanonen-Haubitze ML-15 und ML-20. Letztere wurde favorisiert, in die Produktion überführt, und 1936 konnten die ersten Geschütze zur Erprobung ausgeliefert werden. Die Einführung in die Bewaffnung erfolgte 1937. Bei der unter Leitung von F. F. Petrov entwickelten Kanonen-Haubitze nahm man das Rohr und den Verschluss der Korpskanone 1910/34, versah das Rohr jedoch mit einer Schlitz-Mündungsbremse und schuf eine neue Lafette. Das 4930 mm lange Rohr hatte einen Höhenrichtbereich von –2° bis +65° (Seite 58°). Mit leistungsgesteigerter Munition erreichte man mit einer 43,56-kg-Spr.-Gr. eine Höchstschussweite von 17.265 m. Da alle neu entwickelten Geschütze auch in der Panzerabwehr verwendbar sein sollten, wurden für diese Kanonen-Haubitzen auch neue Panzergranaten entwickelt. Die Durchschlagsleistung mit Pz.-Gr. betrug hier 85 mm/2.000 m/60° (oder 105 mm/ 2.000 m/90°). In der Feuerstellung wog das Geschütz 1730 kg. Der Transport erfolgte einlastig mit zurückgezogenem Rohr. Von den nur im Geschützwerk in Perm hergestellten Kanonen-Haubitzen wurden bis 1946 6884 Exemplare gebaut. Deutsche Beutegeschütze wurden mit der Bezeichnung »15,2-cm-Kanonenhaubitze 433 (r)« in schweren Artillerieabteilungen des Heeres und in der Küstenverteidigung (HKB) weitergenutzt. Nach dem 2. WK wurde ein Teil von ihnen nochmals modernisiert (ML-20-49).

Rückansicht der modernisierten Kanonen-Haubitze (Rohr in Marschlage). *Fotos: Autor*

Eine 152-mm-Kanonen-Haubitze ML-20 vor dem Artilleriemuseum in St. Petersburg.

Eine 152-mm-Kanone Br-2 im Artilleriemuseum in St. Petersburg. *Foto: Autor*

Britische 6-inch-Kanone MK XIX

Dieses relativ modern anmutende Geschütz ist ein Oldtimer aus dem 1. WK. Um in kürzester Zeit weitreichende Kanonen für die britische Artillerie in Frankreich bereitzustellen, wurden 152,4-mm-Marinerohrwaffen von Vickers in die Lafette der 8-inch-Haubitze (203 mm) eingelegt. Die jetzt 11 t schwere Kanone war zeitweilig eine willkommene Verstärkung bei der Royal Artillery. Nach dem Kriegseintritt der USA im Jahre 1917 übernahmen U.S.-Truppen nacheinander den größten Teil dieser Geschütze. Nach Kriegsende wurden die meisten mit in die USA genommen und am Panamakanal auf speziellen »Panama Mount«-Plattformen als Küstengeschütze aufgestellt. 1939 nochmals modernisiert, erhielten die Geschütze luftbereifte Räder. Kurz vor der Verschrottung bat Brasilien darum, diese Geschütze übernehmen zu können. Insgesamt 99 Exemplare wurden daraufhin nach Brasilien verschifft und hier teilweise bei der Feldartillerie und teilweise mit samt den übernommenen »Panama Mount«-Plattformen in der Küstenverteidigung eingesetzt. Klugerweise wurden bei den Küstengeschützen die Räder nicht abgenommen und der original Kastenholm erhalten. So bestand die Möglichkeit, diese Geschütze bei Bedarf relativ schnell wieder als Feldgeschütze bzw. als mobile Küstenartillerie einzusetzen. Die Richtbereiche auf der Plattform betrugen 0° bis +38°, Seite 360°. Die Höchstschussweite mit einer 45,4-kg-Spr.-Gr. betrug 16.600 m (Vo = 770 m/s). Als Küstengeschütze blieben diese Kanonen noch bis in die 60er Jahre in Gebrauch.

Sowjetische 152-mm-Kanone Br-2

Die Entwicklung von Artilleriegeschützen basierte in der damaligen Sowjetunion nach Vorgaben des »Revolutionären Militärrates« und Festlegungen in 5-Jahresplänen (1. Fünfjahrplan 1928–1932). Ein Vertreter dieser Entwicklungsvorhaben war die weitreichende 152-mm-Kanone auf Einheits-Kettenfahrwerk (auch für Haubitzen und Mörser). Ab 1929 erfolgte die Entwicklung des ersten Modells B-10 im Werk »Bolshevik«. Es folgte noch ein weiteres Versuchsmuster B-30, bis 1932 im Werk »Barrikady« die neue Version der Br-2 mit Rohrwaffe der B-10 entstand. Der erste Prototyp konnte erst 1935 fertiggestellt werden. Langwierige Werkserprobungen führten dazu, dass erst 1937 eine Vorserie von sieben Geschützen ausgeliefert wurde. Das noch mal auf 8230 mm verlängerte Mantelrohr hatte 48 Züge. Mit inzwischen fortlaufend verbesserter Munition erreichte man mit einer 49-kg-Spr.-Gr. eine max. Schussweite von 25.750 m (Vo = 885 m/s). In der Feuerstellung wog dieses Geschütz 18,2 t. Gefahren wurde es in zwei Lasten mit Traktorenzug. Zur Bedienung gehörten 15 Mann. Bis 1940 wurden noch 27 Geschütze Br-2 ausgeliefert, mit denen im Februar 1941 ein schweres Artillerieregiment der Reserve des Oberkommandos aufgestellt wurde. Bei der Mobilmachung am 22. Juni 1941 waren insgesamt nur 37 Geschütze Br-2 im Bestand. Eine Weiterentwicklung fand nicht statt, da inzwischen leistungsfähige 152-mm-Kanonen-Haubitzen in Großserien hergestellt wurden.

Eine 6-inch-Kanone MK XIX auf der »Panama Mount«-Plattform im Forte Marechal Luz bei Sao Francisco do Sul in Brasilien (heute Museum). *Foto: H. J. Mehl*

Schwedische 15-cm-Kanone m/37 B

Die neu entwickelten 15-cm-Kanonen von BOFORS wurden ab 1938 an die schwedische Armee ausgeliefert. Für mobile Küstenbatterien wurden 23 dieser Geschütze bereitgestellt. Die Geschütze waren bereits mit modernen, luftbereiften Rädern für schnellen Kraftzug ausgestattet. Zur Stabilisierung des Geschützes beim Schießen wurden an den gespreizten Holmenden je drei Erdanker mit Verzahnung und Spindel eingesetzt. Das Rohr mit Schraubverschluss war mit einer Jantzen-Mündungsbremse versehen. Rücklaufbremse und Vorholer lagen unter dem Rohr. Die max. Schussweite mit einer 41-kg-Spr.-Gr. betrug 16.400 m.

Oben: Die französische 155-mm-Kanone GPF-T auf dem Testgelände der Waffenfirma in Bourges. *Foto: Archiv Touzin*

Unten: Eine 15-cm-Kanone m/37 B, Werk-Nr. 12, im Bredskapsmuseet in Schweden. *Foto: Meyer*

Französische 155-mm-Kanone GPF-T

Die 155-mm-Kanone GPF-T war eine modernisierte Version der bereits im 1. WK eingesetzten Kanone GPF. Das bei der staatlichen Waffenfabrik in Bourges hergestellte Geschütz erhielt eine moderne Touzard-Lafette mit nunmehr 6 Rädern. Das Geschütz wurde ab Mai 1940 bei der französischen Artillerie eingeführt. Die in Feuerstellung 10,8 t schwere Kanone mit L/38,2-Rohr hatte einen Höhenrichtbereich von 0° bis +39° (Seite 60°). Als max. Schussweite wurden mit einer 43-kg-Spr.-Gr. 19.500 m (!) erreicht. Von der deutschen Wehrmacht erbeutete Geschütze erhielten die Bezeichnung 15,5-cm K 419 (f). Lafetten dieser Geschütze wurden auch zum Einbau deutscher 12,8-cm-Rohrwaffen und erbeuteter sowjetischer 152-mm-Rohrwaffen genutzt.

Eine 155-mm-Kanone M1A2 aus der Bewaffnung der dänischen Artillerie (M.52) im Vorsvars- und Garnisionsmuseum in Ålborg. *Foto: Meyer*

Amerikanische 155-mm-Kanone M1A1 »Long Tom«

Noch im 1. WK erwarben die USA eine größere Anzahl französischer 155-mm-Kanonen GPF Mle 1917. Nach dem Krieg erfolgte in den USA ein direkter Nachbau dieses Geschützes unter der Bezeichnung M 1918. Anfang der 30er Jahre erfolgte beim Hersteller Watervliet Arsenal schrittweise eine grundlegende Modernisierung. Ab 1938 konnten die ersten Geschütze als M1 in neuer Lafette M1 ausgeliefert werden. Die Spreizlafette hatte jetzt vier luftbereifte Zwillingsräder, wodurch der Bodendruck wesentlich verringert wurde. Der Höhenrichtbereich wurde auf +63° vergrößert (M1918 A1 +35°). Mit ebenfalls verbesserter Munition erreichte die Kanone mit einer 42,96-kg-Spr.-Gr. eine max. Schussweite von 23.220 m (mit Super-Ladung). In der Feuerstellung wog die Kanone 13.880 kg. Zum Schießen wurde das Geschütz auf eine Stützplatte abgesenkt, die Räder kamen dabei frei. Das mit dem Spitznamen »Long Tom« belegte Geschütz wurde nach dem 2. WK auch an NATO-Partner abgegeben und blieb bei der U.S.-Artillerie noch bis zum Koreakrieg in Gebrauch.

Deutsche 17-cm-schwere Kanone 18 in Mörserlafette

Die 17-cm-Kanone 18 war eine Entwicklung der Firma Fr. Krupp AG in Essen. Als Lafette nutzte man die geringfügig modifizierte Lafette des 21-cm-Mörsers 18 mit doppelter Rücklaufbremsung durch Rohrbremse und gebremster Oberlafette. Das 8529 mm lange Rohr hatte einen Höhenrichtbereich von 0° bis +50° (je Seite fein 8°). Durch Absetzen des Geschützes auf eine Schießplatte, die Räder kamen frei, konnte das Geschütz relativ leicht um 360° geschwenkt werden. Als Höchstschussweite mit einer 62,8-kg-Spr.-Gr. wurden 28.000 m erreicht. In der Feuerstellung wog dieses Geschütz 17,5 t (Fahrstellung 23,3 t). Das Fahren erfolgte in zwei Lasten. Als Nachteil stellte sich die relativ geringe Lebensdauer der Rohre heraus (nur 1.500 Schuss). Zusammen mit den 21-cm-Mörsern 18 waren diese 17-cm-Kanonen die Hauptgeschütze der deutschen schweren Heeresartillerie.

Eine 17-cm-schwere Kanone 18 in der Sammlung des U.S. Army Ordnance Museum in Aberdeen. *Foto: Archiv Schweizer*

Die 17-cm- schwere Kanone 18 in der Wehrtechnischen Studiensammlung des BWB in Koblenz. *Foto: Autor*

Leichte und schwere Feldhaubitzen

Italienische 75-mm-Feldhaubitze M 35

Diese Feldhaubitze basiert auf der bei Ansaldo in Turin gefertigte 75-mm-Gebirgshaubitze M 34. Die gleiche Rohrwaffe wurde in eine geänderte Lafette mit Schutzschild eingelegt und bei der italienischen Feldartillerie eingeführt. Die Rohrlänge beträgt 1370 mm (L/18). Der Höhenrichtbereich ging von –10° bis +45° (je Seite 24°). Als max. Schussweite wurden mit einer 6,3-kg-Spr.-Gr. 9560 m erzielt. Von der deutschen Wehrmacht ab 1943 beschlagnahmte Geschütze wurden bis 1945 noch als Infanteriegeschütze eingesetzt (deutsch: 7,5-cm-leFH 255 (i)).

Links: Die italienische Haubitze 75/18 M 35 in Feldlafette. *Foto: Touzin*

Tschechoslowakische 10-cm-leichte Feldhaubitze vz. 14/19

Die von SKODA in Pilsen bereits ab 1914 herausgebrachte leichte Feldhaubitze ist hier die ab 1919 modernisierte Version vz. 14/19 mit verlängertem L/24-Rohr (2175 mm). Die modernisierte Version wurde ab 1920 bei der neu gebildeten tschechoslowakischen Armee eingeführt. Darüber hinaus wurden diese Geschütze auch nach Polen, Jugoslawien und Griechenland verkauft. Die ab 1938 von der deutschen Wehrmacht von der Tschechoslowakei übernommenen Geschütze erhielten die Bezeichnung »10-cm-leFH 14/19 (t)«. Das Geschütz verschoss 16-kg-Spr.-Gr. mit einer max. Schussweite von 9.800 m/48°. Die Geschütze wurden mit Protze überwiegend noch als bespannte Artillerie eingesetzt.

Unten: Eine 10-cm-leFH vz. 14/19 im Memorialpark von Banska Bistrica, Slowenien. *Foto: Autor*

Italienische Kanoniere mit Schutzmaske bei der Ausbildung an der 75-mm-Haubitze M 35.
Foto: Krupp R-Mitteilungen 10/1939

Deutsche 10,5-cm-leichte Feldhaubitze 16

Obwohl bereits im 1. WK entwickelt und in mehreren Versionen gebaut, blieb diese bewährte Haubitze auch nach dem Krieg noch bis zur Einführung der leFH 18 das Standardgeschütz der deutschen Divisionsartillerie. Das ursprünglich von Rheinmetall entwickelte Geschütz wurde noch bis 1937 bei Krupp hergestellt und in bespannten Batterien zu je vier Geschützen eingesetzt. Die Schussweite konnte mit einer 14,81-kg-Spr.-Gr. bis auf 9700 m gesteigert werden. Rohr, Bodenstück mit Verschluss, die Bremsen und andere Details wurden mehrmals geändert und verbessert. Die Lafette mit genietetem Kastenholm glich in vielen Teilen der 7,7-cm-FK 16. 1937 verfügte die deutsche Wehrmacht noch über 980 Haubitzen dieses Typs. Zur Eignung für den Kraftzug in motorisierten Batterien wurde eine Anzahl der Geschütze auf luftbereifte Räder umgerüstet. Haubitzen dieses Typs waren auch bei der deutschen Küstenartillerie im Einsatz (HKB). Während des 2. WK entsprachen die Schussleistungen nicht mehr den Anforderungen, trotzdem verblieben die Geschütze bis 1945 im Bestand.

Deutsche 10,5-cm-leichte Feldhaubitze 18, 18 M und 18/40

Die Entwicklung einer neuen 10,5-cm-leichten Feldhaubitze begann bereits 1928 bei der Rheinmetall-Borsig GmbH. Die Einführung unter der Bezeichnung »10,5-cm leichte Feldhaubitze 18« erfolgte offiziell jedoch erst 1935. Erste Ausführungen waren mit Holzspeichenrädern für bespannten Zug vorgesehen. Zeitgleich wurden aber auch Stahl- und Leichtmetallscheibenräder mit Gummibelag für Kraftzug eingeführt. Die mit einem L/28-Rohr bestückte Haubitze wog in der Feuerstellung 1985 kg (mot). Als Höchstschussweite wurden mit einer 14,8-kg-Spr.Gr. anfänglich 9150 m erzielt (später auf 10.600 m gesteigert). Mit einer Pz.-Gr. war eine direkte Panzerbekämpfung unterhalb 500 m möglich. Ab 1940 erhielt die Haubitze eine Mündungsbremse (leFH 18 M). Mit einer speziellen »Ferngranate« und »Fernladung« wurde jetzt eine Schussweite von 12.320 m erreicht. Diese Munition durfte jedoch nicht ohne Mündungsbremse ver-

Modernisierte deutsche 10,5-cm-leFH 16 im norwegischen Alta. *Foto: Meyer*

Eine 10,5-cm-leFH 18 in der Sammlung des Armeemuseums in Dresden (heute Militärhistorisches Museum der Bundeswehr). *Foto: Autor*

schossen werden. Um das Geschütz zu erleichtern und eine schnellere Herstellung zu ermöglichen, wurde die Rohrwaffe ab 1943 in die leicht veränderte Lafette der 7,5-cm-Panzerjägerkanone 40 eingelegt (leFH 18/40). Kriegsbedingt erhielt eine Anzahl der neu gefertigten Haubitzen wieder Holzräder mit Gummibelag. Insgesamt sind von der leFH 18 und ihren Versionen über 19.100 Stück hergestellt worden. Vor Ausbruch des 2. WK wurden Haubitzen dieses Typs auch nach Finnland, Schweden, Norwegen, Ungarn und Spanien exportiert. Als Standardgeschütz der deutschen Divisionsartillerie blieb das Geschütz bis 1945 im Einsatz.

Rückansicht der 10,5-cm-leFH 18/40. Wehrtechnische Studiensammlung des BWB in Koblenz. *Foto: Autor*

10,5-cm-leFH 18 M, hier mit Mündungsbremse der 18/40. *Foto: Meyer*

Amerikanische 105-mm-Haubitze M 2

Die 105-mm-Haubitze wurde bereits ab 1920 als Ablösemodell für die nach dem 1. WK in den USA nachgebauten französischen Geschütze entwickelt. Nach Schreier (Standard Guide) soll nach mehreren Versuchsschießen mit deutschen 10,5-cm- leichten Feldhaubitzen das Kaliber für die U.S.-Haubitze mit 105 mm festgelegt worden sein. Nach den Prototypen M 1920 und M1 wurde die Entwicklung jedoch unterbrochen. Erst 1934 überarbeitete man im Rock-Island-Arsenal die Konstruktion und führte die Haubitze als M2A1 ab 1940 bei der U.S. Field Artillery ein. Auf Spreizlafette mit Kastenholmen ging der Höhenrichtbereich von 0° bis +64° (Seite 22,5°). Das Geschütz mit einem Gefechtsgewicht von 2030 kg war mit beschussunempfindlichen Rädern von Anbeginn für den Kraftzug ausgelegt. Die Höchstschussweite mit einer 12,6-kg-Spr.-Gr. betrug 11.100 m. Zur Bedienung gehörten anfänglich 8 Mann. Nach dem 2. WK wurde das Geschütz nochmals verbessert und erhielt die Bezeichnung M 101 und M 101 A1. Bis 1953 sind insgesamt 10.200 Haubitzen dieses Typs hergestellt worden. Die Rohrwaffen kamen auch auf der SFL M7 und auf dem Halbkettenfahrzeug M3 zum Einbau.

Britische 4.5-inch-Haubitze MK II

Die leichte 4.5-inch-Haubitze (Kal. 114,3 mm) wurde bereits ab 1908 bei den Ordnance Works in Coventry entwickelt und bis 1918 mit mehreren tausend Exemplaren als MK I hergestellt. Auch nach dem 1. WK verblieb eine große Anzahl der noch mit Holzrädern ausgerüsteten Geschütze im aktiven Bestand. Ab 1938 modernisierte man diese Haubitzen. Sie erhielten eine neue Lafette MK PA oder MK I R mit luftbereiften Rädern und dazu ein Standard-Zugfahrzeug No. 26 MK I. In dieser Form waren über 100 dieser Haubitzen 1940 auch beim britischen Expeditionskorps in Frankreich im Einsatz. Die hier von der deutschen Wehrmacht erbeuteten Geschütze wurden mit Beutemunition als »11,4-cm leFH 361 (e)« bei der Küstenartillerie (HKB) weitergenutzt. Das modernisierte Geschütz mit Lafette MK IP kam auf ein Gefechtsgewicht von 1494 kg. Die Höchstschussweite mit einer 15,6-kg-Spr.-Gr. betrug 6000 m (Vo = 305 m/s). Geschütze dieses Typs wurden auch an die Commomwealth-Streitkräfte geliefert und u.a. durch die südafrikanische Artillerie in Kämpfen gegen italienische Streitkräfte in Ostafrika und Abessinien eingesetzt.

Eine 105-mm-Haubitze M2A1 auf dem Gelände der U.S. Nationalgarde in Phönix. *Foto: Autor*

Die 4.5-inch-Haubitze MK II in Lafette MK I P(L) im südafrikanischen Museum für Militärgeschichte. *Foto: SA National Museum of Military History*

Norwegische 12-cm-Feldhaubitze M.32

Die 12-cm-Feldhaubitze war eine der wenigen Entwicklungen des norwegischen Waffenherstellers Kongsberg. Das relativ niedrige Geschütz mit L/20-Rohr, Spreizlafette und gummibelegten Stahlrädern war auch als Gebirgshaubitze einsetzbar. Die Höchstschussweite mit einer 16,5-kg-Spr.-Gr. betrug 9.500 m. Als Feuergeschwindigkeit wurden 7 S/Min. erreicht. Die ersten acht Haubitzen wurden 1935 für die norwegische Feldartillerie geliefert. Ob noch weitere Geschütze zur Auslieferung gelangten, ist nicht bekannt.

Rechts: Die norwegische 12-cm-Feldhaubitze M.32 im Våpenfabrikks museum von Kongsberg. *Foto: Meyer*

Russisch-sowjetische 122-mm-Haubitze obr. 1910/30

Die russischen 122-mm-Haubitzen wurden bereits ab 1909 nach Konstruktionen von Krupp (obr. 1909) und Schneider (obr. 1910) in drei Geschützwerken in größerer Zahl hergestellt (1916 1016 Geschütze). Die von der Roten Armee nach dem 1. WK übernommenen Geschütze wurden ab 1930 im Geschützwerk in Perm modernisiert. Als obr. 1910/30 (Schneider-Modell) kam das Geschütz auf ein Gefechtsgewicht von 1466 kg. Der Höhenrichtbereich ging von –3° bis +44,5° (Seite 4°). Mit neuer Munition erreichte die obr. 1910/30 eine Höchstschussweite von 8.900 m (Spr.-Gr. 22,9 kg, volle Ladung). Geschütze für Kraftzug erhielten später luftbereifte Räder und Protze. Am 1. Januar 1937 waren bei der Roten Armee wieder 2439 modernisierte 122-mm-Haubitzen im Bestand. Bis zum Beginn des 2. WK wurden die meisten Geschütze jedoch durch die neue 122-mm-Haubitze obr. 1938 ersetzt.

Eine 122-mm-Haubitze obr. 1910/30 im Militärmuseum von Warschau. *Foto: Begler*

Sowjetische 122-mm-Divisionshaubitze obr. 1938 (M-30)

Nach Vorarbeiten zur Schaffung einer neuen 122-mm-Haubitze (Typen »Lubok« und U-2) begann 1937 im Werk Nr. 172 die Konstruktion der 122-mm-Haubitze M-30. Das neue Geschütz mit Spreizlafette erhielt ein L/22,7-Rohr mit Schraubverschluss. Der Höhenrichtbereich wurde mit –3° bis +63,5° festgelegt (Seite 49°). Das 2360 bis 2500 kg schwere Geschütz (Unterschiede in der Lafette) erhielt große Vollgummiräder für Kraftzug. Die Höchstschussweite mit einer 21,7-kg-Spr.-Gr. wurde mit 11.800 m ermittelt (volle Ladung, Vo = 570 m/s). Die ersten drei Haubitzen wurden im November 1938 vom Werk Nr. 172 geliefert. Nach einer Truppenerprobung wurde das Geschütz am 29. November 1939 offiziell als »122-mm-Divisionshaubitze obr. 1938« eingeführt. Die Großserienfertigung erfolgte ab 1940 im Werk Nr. 92 und im Werk Nr. 9 (Uralmasch). Von 1940 bis 1955 sind insgesamt 19.270 (!) Exemplare hergestellt worden. Von der deutschen Wehrmacht erbeutete Geschütze wurden als »12,2-cm-schwere Feldhaubitze 396 (r)« mit nachgefertigter Munition in Artillerieregimenter eingesetzt. Nach dem 2. WK wurden Haubitzen dieses Typs in zehn verschiedene Länder exportiert.

Die 122-mm-Div.-Haubitze obr. 1938 im ehem. Armeemuseum in Dresden (heute Militärhistorisches Museum der Bundeswehr).

Rückansicht der Haubitze. Fotos: Autor

Tschechoslowakische 15-cm- schwere Feldhaubitze vz. 25

Die 15-cm-sFH – Kaliber 149,1 mm – wurde von den SKODA-Werken in Pilsen ab 1925 für die tschechoslowakische Armee hergestellt. Die Rohrlänge betrug 2.700 mm (L/18). In der Feuerstellung kam das Geschütz auf ein Gewicht von 3.800 kg (Transport in zwei Lasten). Mit einer 42-kg-Spr.-Gr. wurde eine max. Schussweite von 11.800 m erreicht. Die Feuergeschwindigkeit betrug 5 S/Min. Das Geschütz wurde bis 1933 produziert. Von der deutschen Wehrmacht nach dem Einmarsch übernommene Geschütze wurden mit der Bezeichnung »15-cm-sFH 25 (t)« noch bis 1942 weitergenutzt.

Eine 15-cm-sFH vz. 25 im ehem. Armeemuseum in Dresden (heute Militärhistorisches Museum der Bundeswehr). Fotos: Autor

Deutsche 15-cm-schwere Feldhaubitze 18

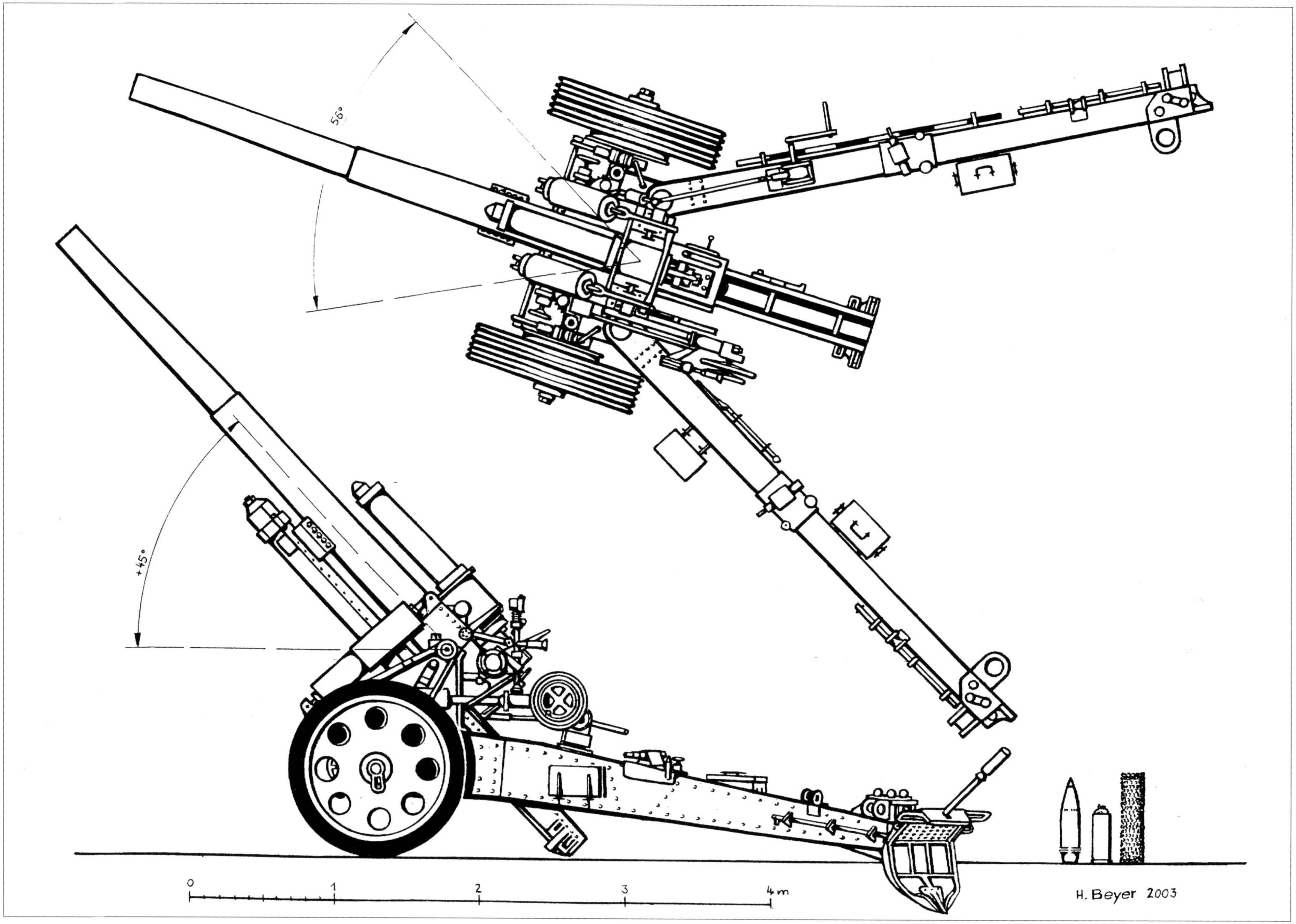

Eine 152-mm-Haubitze obr. 1909/30 im Memorialpark von Odessa. *Foto: Jacob*

Russisch-sowjetische 152-mm-Haubitze obr. 1909/30

Ab 1909 führte man in Russland zur Beschaffung neuer 152-mm-Haubitzen ein Vergleichsschießen und Erprobungen mit Haubitzen von Krupp, Erhardt, Schneider, SKODA und BOFORS durch. Ausgewählt wurde die Haubitze von Schneider, die auf Basis eines Lizenzvertrages ab 1910 bei Putilov und in Perm hergestellt wurde. Erste Versionen der obr. 1909 gingen an die Festungs- und Küstenartillerie. Ab 1912 erfolgte die Herstellung in Feldlafette für bespannten Zug. Nach dem 1. WK wurde 1930 eine Modernisierung von 362 Haubitzen dieses Typs beschlossen. Hauptmaßnahmen waren das Aufbohren des Ladungsraumes für größere Kartuschen, neue Richtgeräte und später auch die Ausrüstung mit luftbereiften Rädern für Kraftzug. Der Höhenrichtbereich betrug 0° bis +41° (je Seite 2° 50´). Die so modernisierten Haubitzen erreichten mit einer 40,0-kg-Spr.-Gr. eine max. Schussweite von 8850 m (Vo = 410 m/s). Von der deutschen Wehrmacht erbeutete Haubitzen wurden mit der Bezeichnung »15,2-cm sFH 445 (r)« in der Küstenverteidigung eingesetzt (HKB). Haubitzen dieses Typs waren noch bis 1945 z.B. bei der 88. Haubitzbrigade der 5. Artilleriedivision beim Sturm auf Berlin eingesetzt.

Japanische 150-mm-Haubitze Modell 96

Der Entwurf für eine neue 150-mm-Haubitze wurde ab 1934 erarbeitet. Das Geschütz erhielt eine Spreizlafette und Holzräder mit Gummibelag für Kraftzug. Der Höhenrichtbereich betrug +7° bis +75° (Seite 30°). Für das Schießen in der oberen Winkelgruppe musste ab +45° unter dem Geschütz eine Grube für die lange Wiege ausgehoben werden. Das 3,94 t schwere Geschütz wurde ab 1936 eingeführt. Als Höchstschussweite wurden mit einer 36-kg-Spr.-Gr. 11.900 m erreicht. Die Feuergeschwindigkeit betrug 6 bis 8 S/Min. Spätere Modelle erhielten ein Schutzschild.

Eine 150-mm-Feldhaubitze Mod. 96 im Militärmuseum von Tokio. *Foto: Henningsen*

Schwedische 15-cm-Feldhaubitze m/39 B

Die 15-cm-Feldhaubitze von BOFORS gab es in den Versionen m/38 (mit Schutzschild), m/39 und m/39 B. Das L/24-Rohr mit Jantzen-Bremse war mit einem Schraubverschluss ausgestattet. Der Höhenrichtbereich ging von –5° bis +45° (Seite 45°). Die max. Schussweite mit voller Ladung und einer 41-kg-Spr.-Gr. betrug 15.000 m. In der Feuerstellung wog dieses Geschütz 5700 kg. Mit dem Modell m/39 B wurden vor Ausbruch des 2. WK noch 11 Batterien zu je 4 Geschützen bei der schwedischen Feldartillerie aufgestellt.

Rechts: Die 152-mm-Divisionshaubitze M-10 obr. 1938 im Artilleriemuseum von St. Petersburg. *Foto: Autor*

Unten: Eine 15-cm-Haubitze m/39 B von BOFORS, Werks-Nr. 131, im Beredskapsmuseet in Schweden. *Foto: Meyer*

Sowjetische 152-mm-Divisionshaubitze M-10 obr. 1938

Die Entwicklung dieser Div.-Haubitze begann 1937 im Konstruktionsbüro des Werkes Nr. 172 unter Leitung von F. F. Petrov. Nach Versuchsschießen und Truppenerprobung begann die Einführung bei der Divisionsartillerie. Die Haubitze erreichte mit einer 40-kg-Spr.-Gr. eine Höchstschussweite von 12.800 m (Vo = 508 m/s). Am 22. Juni 1941 waren 1058 Haubitzen M-10 im Bestand. Nach sowjetischen Quellen wurde die Herstellung jedoch abgebrochen, da das Geschütz mit einem Gewicht in der Feuerstellung von 4150 kg für die Divisionsartillerie zu schwer und für die Korpsartillerie bzw. Artillerie der Reserve des Oberkommandos nicht leistungsfähig genug war. Das Fehlen einer leistungsstarken Divisionshaubitze mit einem Kaliber von 152 mm wurde in den folgenden Kriegsjahren von einigen Frontkommandeuren oft bemängelt. Erst 1943 entschied man sich, sozusagen über Nacht, eine neue 152-mm-Haubitze förmlich »aus dem Boden zu stampfen« (s. Haubitze D-1).

Eine 155-mm-Haubitze M1 am patriotischen Punkt in Kingston, Kanada. *Foto: Autor*

Amerikanische 155-mm-Haubitze M1A1

Als vergleichsweise modernes Geschütz entwickelten das Ordnance Department und das Rock-Island-Arsenal ab 1938 die 155-mm-Haubitze M1. Das in der Feuerstellung 5432 kg schwere Geschütz konnte von den Rädern mit vorn abklappbarer Stützplatte feuern. Mit Spreizlafette betrug der Höhenrichtbereich –2° bis +65° (je Seite 26,5°). Mit einer 43,1-kg-Spr.-Gr. erreichte man eine Höchstschussweite von 14.640 m. Die entwickelte Rohrwaffe kam auch bei der SFL M41»Gorilla« zum Einsatz. Bis 1945 sind 4035 Exemplare der M1 hergestellt worden. In die gleiche Lafette legte man auch die Rohrwaffe der 4.5-inch-Kanone M1 ein (426 Exemplare). Die Haubitze wurde mehrmals modernisiert (M1A1) und erhielt nach 1945 die Bezeichnung M-114. Sie blieb bei einigen Armeen noch bis in die 80er Jahre im Einsatz.

Sowjetische 152-mm-Haubitze D-1 (obr. 1943)

Auf dringende Forderung der Front wurde ab April 1943 eine neue 152-mm-Haubitze konzipiert, die aus einer Kombination von drei Geschützen bestand. Die beauftragte Konstruktionsgruppe des Werkes Nr. 9 wählte das Rohr der bereits 1938 entwickelten Haubitze M-10, den Verschluss der 152-mm-Kanonen-Haubitze obr. 1937 und legte diese Rohrwaffe in die geringfügig verstärkte Lafette der 122-mm-Haubitze M-30 (obr. 1938). Das L/27,7-Rohr erhielt eine Mündungsbremse und im hinteren Teil eine Mantelhülse zur Erhöhung der Rücklaufmasse. Das nur 3,64 t schwere Geschütz wurde ohne Protze gefahren, und das Rohr brauchte nicht zurückgezogen werden. Die

Die 155er M1A1 in Fahrstellung bei einem NATO-Manöver 1983 in der Bundesrepublik Deutschland. *Foto: Touzin*

Höchstschussweite mit einer 40-kg-Spr.-Gr. OF-530 betrug 12.400 m. Zur Panzerbekämpfung wurden anfänglich Marine-Panzergranaten obr. 1915/28 mit der Kartusche kombiniert (später neue Pz.-Gr.). Die ersten fünf Haubitzen wurden in Tag- und Nachtarbeit hergestellt und bereits am 1. Mai 1943 zur Erprobung ausgeliefert. Die offizielle Einführung erfolgte am 8. August 1943. In der Serienproduktion wurden von 1943 bis 1949 2827 Haubitzen dieses Typs hergestellt. Nach dem 2. WK wurden Haubitzen dieses Typs auch an verbündete Armeen des Warschauer Vertrages und andere Staaten geliefert.

Eine 152-mm-Haubitze D-1 aus dem Bestand der ehem. NVA im früheren Armeemuseum in Potsdam. *Foto: Autor*

Geschütze der schweren Artillerie

Deutscher 21-cm-langer Mörser M10/35

Obwohl nach den Bestimmungen des Versailler Vertrages auch alle deutschen 21-cm-Mörser abzugeben bzw. zu verschrotten waren, gelang es, einige Exemplare zur Weiterverwendung bei der neu aufzubauenden Reichswehr »zu retten«. Die bereits ab 1916 bei Krupp hergestellten langen Mörser wurden modernisiert und erhielten teilweise neue Rohre. Für Kraftzug mit Halbketten-Zugmaschinen wurden neue Stahlscheibenräder mit Vollgummibelag vorgesehen. Das jetzt in der Feuerstellung 11,25 t schwere Geschütz konnte mit Aufliegerprotze einlastig gefahren werden. Wiege, Bremsen und Richtantriebe wurden beibehalten. Als Höchstschussweite mit einer 113-kg-Spr.-Gr. 18 wurden 11.100 m erreicht. Es stand auch eine 121-kg-Beton-Gr. zur Verfügung. Bis 1940 waren noch 28 dieser Mörser im Bestand. Sie wurden schrittweise durch den neuen 21-cm-Mörser 18 ersetzt.

Ein modernisierter 21-cm-langer Mörser im Armeemuseum in Dresden (heute Militärhistorisches Museum der Bundeswehr). *Foto: Autor*

Sowjetische 203-mm-Haubitze B-4

Der Beschluss zur Entwicklung einer 203-mm-Haubitze großer Reichweite wurde bereits 1926 durch das damalige Artilleriekomitee gefasst. Die Entwicklung leitete bis zu seinem Tod der bekannte Artilleriekonstrukteur F. F. Lender. Der Bau erster Versuchshaubitzen erfolgte ab 1931 im Werk »Bolshevik«. Das Rohr der ersten Ausführung hatte eine Länge von 4617 mm. Nach ersten Schießerprobungen wurde die Konstruktion nochmals überarbeitet und u.a. das Rohr auf 5037 mm verlängert. Zur Unterscheidung der beiden Modelle führte man die Zusatzbezeichnung MM (kleine Leistung) und BM (große Leistung) ein. Die ersten 7 Serienmodelle (MM) wurden 1937 ausgeliefert. Schon ab 1933 wurde diese Haubitze auch im Werk »Barrikady« gefertigt, sodass Ende 1937 bereits 88 B-4 (BM) und 31 B-4 (MM) im Bestand waren. Charakteristisches Merkmal war das Einheits-Kettenlaufwerk, auf dem auch andere Geschützmodelle lafettiert wurden (Br-5 und Br-2). Das Geschütz wurde in zwei Lasten gefahren und von Traktoren gezogen. Mit dem 15,7 t schweren Geschütz (erste Serie) konnte aus fast jeder beliebigen Stellung ohne Bettung geschossen werden. Die Haubitze (MM) der ersten Serie verschoss 98,3-kg-Spr.-Gr. auf einer Schussweite von 12.800 m. Die verbesserte Version (BM) mit verlängertem Rohr kam mit einer 100-kg-Spr.-Gr. F-625 D auf eine Höchstschussweite von 17.890 m (Vo = 607 m/s). Es standen auch 100-kg- bzw. 146-kg-Betongranaten zur Verfügung. Im sowjetisch-finnischen Krieg waren im März 1940 bereits 142 Haubitzen B-4 im Einsatz. Bei Kriegsbeginn für die Sowjetunion im Juni 1941 waren insgesamt 849 B-4 im Bestand. Gegliedert waren sie in 33 Haubitz-Artillerieregimenter mit je 24 Haubitzen, 112 Traktoren, 242 LKW, 12 Motorräder und 2304 Mann. Während des Krieges wurden aus den Regimentern 30 Brigaden gebildet, die bei Kriegsende alle der Reserve des Oberkommandos unterstanden. Unmittelbar bei Kriegsende waren noch 768 Haubitzen B-4 im Bestand. Nur am Rande sei erwähnt, dass sowjetische Eisenbahnpioniere für den schnellen Antransport der Haubitzen auf deutschem Staatsgebiet hunderte von Bahnkilometern von Normalspur auf sowjetische Breitspur umnagelten (nach Shukov). Nach 1945 wurde versucht, die Marschgeschwindigkeit der Haubitzen durch Umrüstung auf eine neue Radlafette mit vier Rädern zu erhöhen. Zur Stabilisierung dieses Geschützes beim Schießen war zwischen den Rädern eine absenkbare Stützplatte vorgesehen. Die so modernisierten Haubitzen erhielten die Bezeichnung B-4 M.

Die modernisierte 203-mm-Haubitze B-4M im Artilleriemuseum von St. Petersburg. *Foto: Touzin*

Eine 203-mm-Haubitze B-4 im Memorialpark von Odessa. *Foto: Jacob*

Deutscher modernisierter 21-cm-langer Mörser

Quelle: Archiv Fleischer

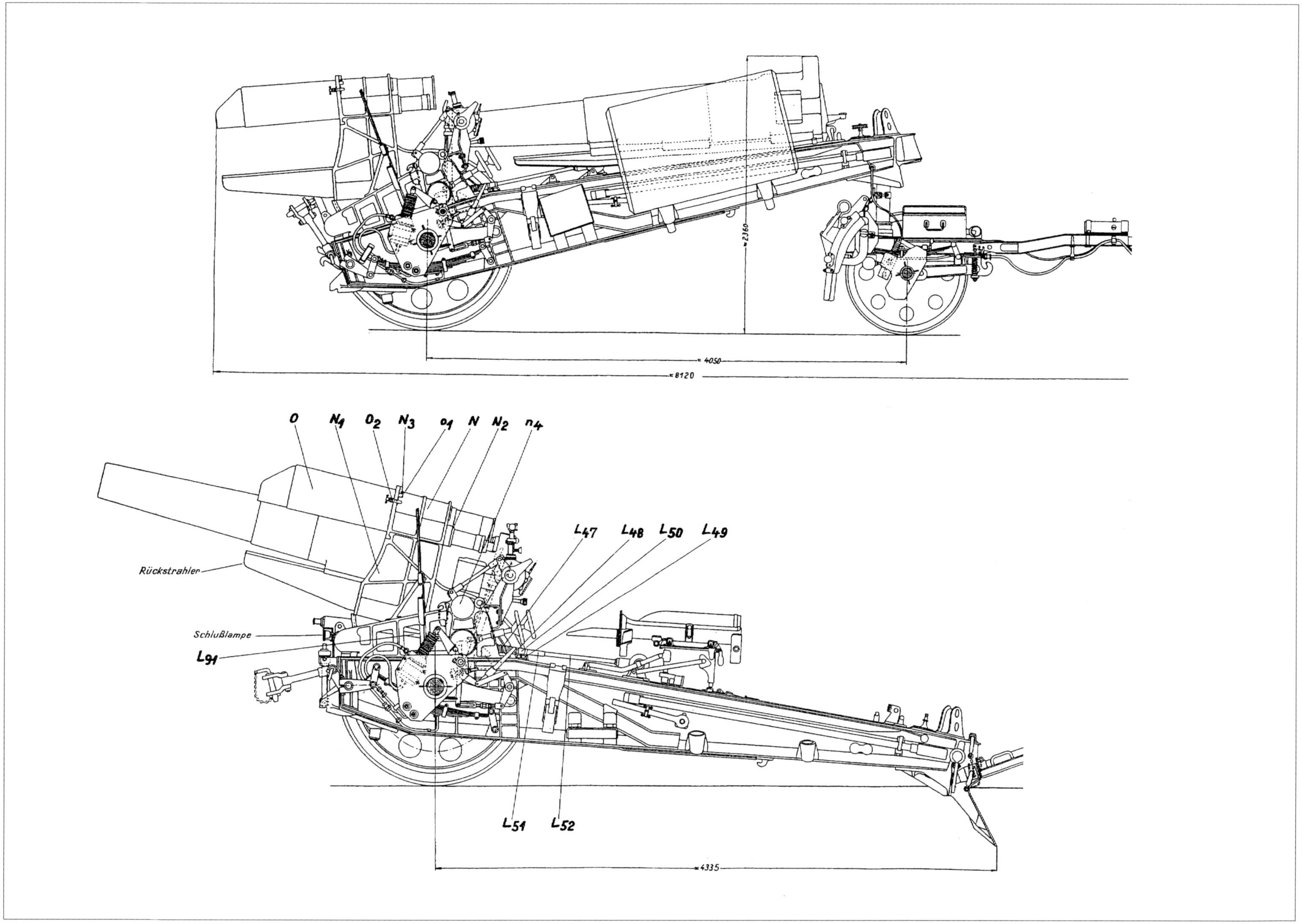

Deutsches 15-cm-schweres Infanteriegeschütz 33

Das schwere Infanteriegeschütz 33 war eine Weiterentwicklung des von Rheinmetall entwickelten Minenwerfers gleichen Kalibers. Bereits 1927/28 als Unterstützungswaffe in Infanterieregimenter eingeführt, war es weltweit das schwerste Kaliber, das noch auf Regimentsebene zum Einsatz kam. Mit einer schweren Kastenlafette kam das Geschütz auf ein Gefechtsgewicht von rund 1680 kg. Die max. Schussweite mit einer 28,8-kg-Spr.-Gr. betrug 4.700 m (Vo = 240 m/s). Der Höhenrichtbereich ging von 0° bis +73° (Seite 11°). Trotz der geringen Schussweite blieb das Geschütz noch bis 1945 in Gebrauch. Um die Mobilität der vorhandenen Geschütze zu verbessern, wurden verschiedene Panzerfahrgestelle mit dieser Waffe zu SFL aufgerüstet (PzKpfw. I , II und III sowie Pz. 38 (t)).

Vorderansicht des 15-cm-sIG 33 (ehem. Armeemuseum Potsdam).
Foto: Autor

Ein deutsches 15-cm-schweres Infanteriegeschütz 33 in der Militärsammlung im norwegischen Kvam. *Foto: Meyer*

Britische 3.7-inch-Gebirgshaubitze MK I im War Museum Athen.

Deutsche 8,8-cm-Pak 43 und 43/41

Die von Krupp entwickelte 8,8-cm-Pak 43 und die als Kompromissvariante gebaute Pak 43/41 galten als die leistungsfähigsten Pak-Geschütze im 2. WK. Mit einer Vo von 1000 m/s konnte mit einer 10,4-kg-Pz.-Gr. eine Panzerung von 190 mm durchschlagen werden. Die Pak 43 wurde mit einer Kreuzlafette mit zwei Einachshängern gefertigt (360° Rundumfeuer). Es konnte mit abgesenkter Waffe aber auch auf Rädern gefeuert werden. Das L/71- Rohr dieser Pak hatte einen Fallkeilverschluss. Da man mit der Produktion der Kreuzlafette nicht nachkam, wurden die gleichen Rohrwaffen auf eine Kompromisslafette mit zwei Rädern von der sFH 18 gesetzt (Rohr hier mit Seitenkeilverschluss). Die als Pak 43/41 bezeichnete Version kam auf ein Gefechtsgewicht von 4380 kg (!). Wegen des hohen Aufzugs wurden diese schweren Geschütze von den deutschen Landsern auch als »Scheunentor« betitelt. Trotz großer Verluste besaß die deutsche Wehrmacht am 1. Januar 1945 noch rund 820 Geschütze beider Typen.

Unten: Eine deutsche 8,8-cm-Pak 43 im Park der Kingston Military Academy in Kanada.
Foto: Autor

Eine 8,8-cm-Pak 43/41 im Fort du Roule in Cherbourg, Frankreich. *Foto: Verhaaren*

Britische 25-pdr-Kanonen-Haubitze MK I

Zur Ablösung der alten 18-pdr-FK – modernisierte Version 18/25-pdr – wurde ab 1935 eine neue 25-pdr-FK (Kal. 87,6 mm) mit Munitionsprotze und Artillerieschlepper entwickelt. Die als Kanonen-Haubitze einsetzbare Waffe war mit Pz.-Gr. und einer Vo von 610 m/s auch zur Panzerbekämpfung geeignet. Markantes Kennzeichen war eine unter dem ovalen Kastenholm mitgeführte Schießplattform mit Spurkranz, auf welche das Geschütz in der Feuerstellung für 360° Rundumfeuer gerollt wurde. Das Gefechtsgewicht betrug 1750 kg. Die max. Schussweite bei der Erstversion betrug 12.280 m. Für leistungsgesteigerte Munition erhielt die Rohrwaffe ab 1943 eine Mündungsbremse. Insgesamt sind über 12.000 Geschütze dieser Modelle hergestellt worden. Die Rohrwaffe mit Schraubverschluss wurde auch bei der in Kanada hergestellten SFL »Sexton« mit 2150 Exemplaren eingesetzt. Für den Dschungelkampf im Fernen Osten wurden in Australien eine Reihe der Geschütze mit verkürztem L/18,5-Rohr zur »25-pdr short MK I« (Baby 25-pdr) umgebaut.

Rechts: Rückansicht der 25-pdr in Marschlage (Canadian War Museum Ottawa). *Foto: Autor*

Die 25-pdr-Kanonen-Haubitze auf ihrer Schießplattform. *Foto: K.P. Mehl*

Details der amerikanischen 105-mm-Feldhaubitze M 2 (Musée de l'Armée Paris).

Foto: Autor

Deutsche 15-cm-schwere Feldhaubitze 18 und 36

Die in den Jahren von 1926 bis 1930 entwickelte 15-cm-sFH 18 wurde ebenfalls ein Standardgeschütz der deutschen Feldartillerie. Das in Fahrstellung 6304 kg schwere Geschütz wurde anfänglich noch mit zwei Fahrlasten für den bespannten Zug vorgesehen. Frühzeitig erfolgte jedoch die Umstellung auf Kraftzug (einlastig mit zurückgezogenem Rohr). Als Zugmittel kamen 8-t-Zugkraftwagen KM m8 und KM m11 (Sd.Kfz.7) zum Einsatz. Die Höchstschussweite mit einer 43,5-kg-Gr. betrug 13.325 m. Panzer konnten unter 500 m im direkten Richten bekämpft werden. Um das Geschütz für bespannten Zug wesentlich leichter zu machen, wurde 1936 noch eine Version mit Mündungsbremse entwickelt. Bei der in der Feuerstellung nun 3.500 kg schweren Haubitze musste jedoch die Schussweite auf 12.300 m zurückgenommen werden. Die Arbeiten an diesem Geschütz wurden 1942 eingestellt. Die sFH 18 bewährte sich zwar auf allen Kriegsschauplätzen, jedoch entsprachen ihre Schussleistungen nicht mehr den Anforderungen (u.a. kein Schießen oberhalb 45° möglich). Von der weiterentwickelten 15-cm-sFH 18/40 sind nur wenige Exemplare hergestellt worden, das Modell 18/43 kam über Prototypen nicht hinaus.

Die 15-cm-sFH 36 in der Wehrtechnischen Studiensammlung in Koblenz. *Fotos: Autor*

Eine auf der Krim zurückgelassene 15-cm-sFH 18 auf den Sapun-Höhen in Sevastopol.

Deutscher 21-cm-Mörser 18

Der 21-cm-Mörser 18 mit doppeltem Rohrrücklauf wurde ab 1933 bei der Firma Krupp entwickelt. Das 1939 eingeführte Geschütz kam auf ein Gewicht in der Feuerstellung von 16,7 t. Der Höhenrichtbereich ging von 0° bis +70°. In der Feuerstellung wurde das Geschütz auf eine Plattform abgesenkt, auf der mit drei Rollen um die hintere Spornplatte die Seite mit je 16° genommen werden konnte. Auf einer sternförmigen Bodenplatte war Rundumfeuer mit 360° möglich. Die Dämpfung des Rückstoßes erfolgte mit Rohrbremse in der Oberlafette und gebremstem Rücklauf der Oberlafette auf der Unterlafette. Als max. Schussweite wurden mit einer 113-kg-Spr.-Gr. 16.700 m erzielt. Später kamen mit diesem Mörser auch die neu entwickelten Röchling-Granaten zum Einsatz. Das Geschütz wurde zweilastig mit schweren Zugkraftwagen 12 t (Sd.Kfz.8) gefahren. Im Juni 1940 waren insgesamt 388 Mörser 18 im Bestand der schweren Artillerieabteilungen (mot.). Außer der mit zwei Stahlscheibenrädern ausgestatteten Version wurde noch ein Modell mit vier luftbereiften Rädern entwickelt, welches jedoch nicht mehr in Serie ging. 1942 wurde die Produktion zu Gunsten der 17-cm-Kanone 18 in Mörserlafette eingestellt.

Ansicht Verschluss und Oberlafette.
Fotos: Archiv Schweizer

Ein 21-cm-Mörser 18 im U.S. Army Ordnance Museum in Aberdeen.

Deutsche Salvenmaschinenkanone SMK 18 V1.

Foto: Duske

Deutsche 8,8-cm-Panzerjäger- SFL »Jagdpanter«

Als leistungsfähigste Panzerjäger-SFL der deutschen Wehrmacht entstand ab 1944 das als »Jagdpanter« bezeichnete Sd.Kfz. 173. Unter Nutzung von Wanne und Fahrwerk des Kampfpanzers V »Panter« schufen die Konstrukteure einen Geschützwagen, bei dem in den allseitig abgeschrägten Aufbau die 8,8-cm-Pak 43/3 eingebaut wurde (Panzerung 40 bis 80 mm). Die Rohrwaffe hatte, wie bei dieser Art SFL üblich, einen eingeschränkten Richtbereich in der Höhe von –8° bis +14°, Seite 26°. Darüber hinaus wurde mit dem wendigen Fahrzeug grob gerichtet. Die L/71-Rohrwaffe hatte die gleichen Durchschlagsleistungen wie die 8,8-cm-Pak 43 (Muni-Vorrat 60 Gr.-Patr.). Die Abmaße der rund 46 t schweren SFL betragen L x B x H = 9,9 (mit Rohr) x 3,27 x 2,71 m. Als Antriebsmotor kam der Maybach-Otto-Motor HL 230 P mit einer Leistung von 700 PS zum Einsatz (V/Straße 46 km/h). Ein erster Prototyp stand im Oktober 1943 für Erprobungen zur Verfügung. Nach diversen Änderungen wurden Serienfahrzeuge ab Februar 1944 ausgeliefert. Bis Kriegsende wurden noch 382 (nach anderen Quellen 392) Exemplare fertiggestellt, die überwiegend in schweren Panzerjägerabteilungen zum Einsatz kamen.

Deutsche 8,8-cm-Flak 18 mit Schutzschild im U.S. Army Ordnance Museum in Aberdeen.

Foto: Archiv Schweizer

Ein sorgfältig restaurierter »Jagdpanter« aus der Sammlung des Panzermuseums in Munster. *Foto: Breuer*

Sowjetische 203-mm-Haubitze B-4

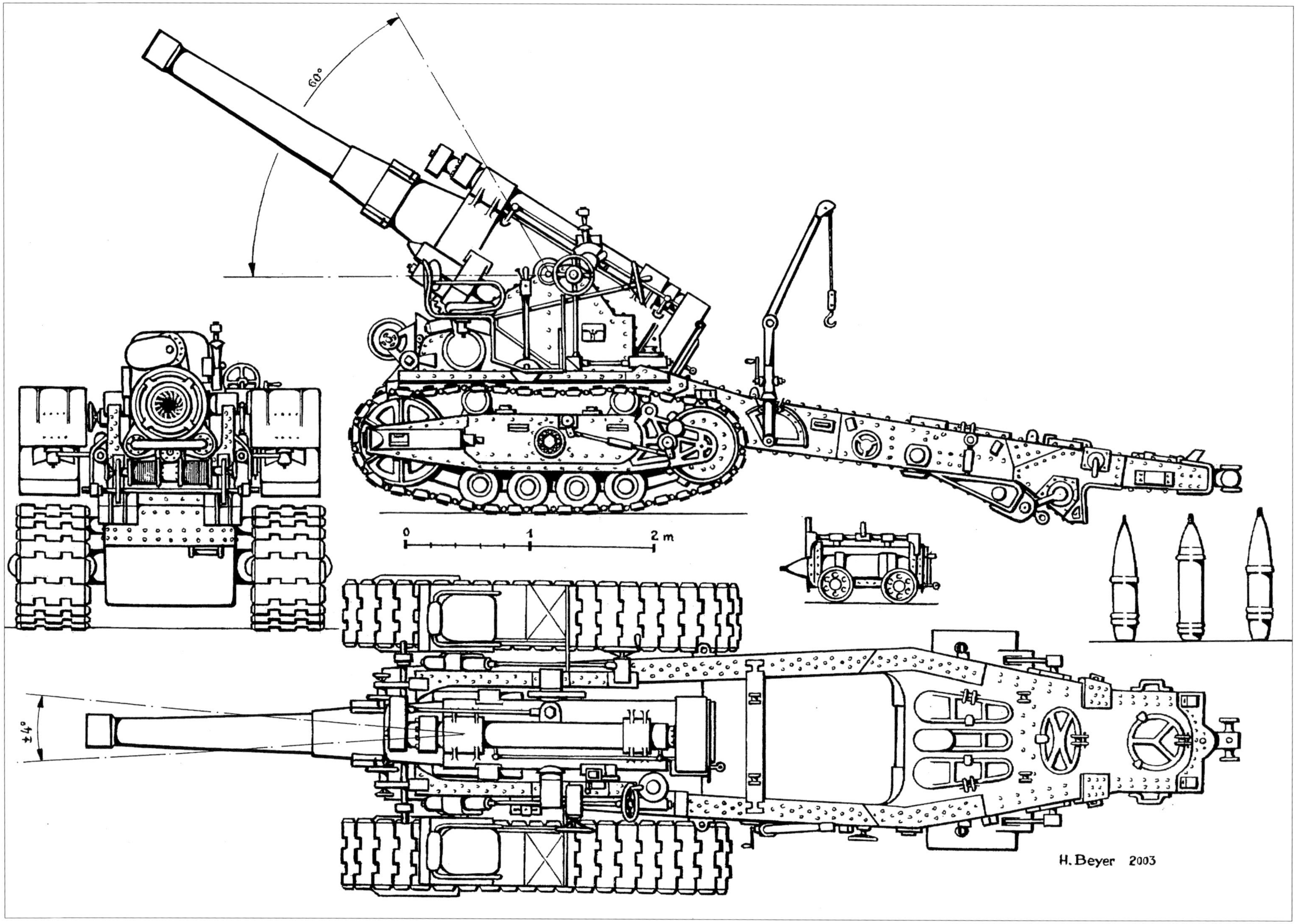

Amerikanische 8-inch-Kanone M1

Die Wiederaufnahme der Idee, eine weitreichende 8-inch-Kanone (Kal. 203,2 mm) für Fernbeschuss zu entwickeln, begann 1939. Erste Prototypen mit Rohrwaffe T2 wurden 1941 erprobt. Für das L/51-Rohr wurde eine etwas abgeänderte Lafette M2 der 240-mm-Haubitze M1 genutzt. Das 31,2 Tonnen schwere Geschütz wurde in zwei Teillasten gefahren (Rohr und Lafette). Als Zugmaschine diente der Kettenschlepper M6. Der Höhenrichtbereich der ersten Version betrug –10° bis +50°, Seite 30° (Seite später auf 40° erweitert). Die Höchstschussweite mit einer 108-kg-Spr.-Gr. betrug mit »Super Ladung« 32.427 m (Normalladung 27.586 m). Bis zum Ende des 2. WK wurden noch 139 Geschütze dieses Typs hergestellt. Einige Geschütze gingen auch an Großbritannien, wo sie bei der 4th Super Heavy Battery (RA) als 8-inch. MK 1 eingesetzt wurden.

Das Serienmodell mit Bedienplattform für Richtantriebe und oben liegender Rücklaufbremse und Vorholer. *Fotos: Autor*

Ein Prototyp der 8-inch-Kanone M1 an der Einfahrt zum U.S. Proving ground Arizona.

Sowjetische 210-mm-Kanone Br-17

Diese 210-mm-Kanone entstand zusammen mit einer neuen 305-mm-Haubitze im Rahmen eines Lizenzvertrages mit der tschechoslowakischen Firma SKODA. Der im Jahre 1938 abgeschlossene Vertrag sah die Lieferung von je einem Prototyp sowie die komplette Herstellerdokumentation einschließlich Materialpaketen zum Nachbau der Geschütze vor. Die Schießerprobung eines Prototyps der 210-mm-Kanone fand am 20. November 1939 noch auf dem Schießplatz von SKODA statt. Die Auslieferung der Prototypen an die Sowjetunion erfolgte auch nach der deutschen Besetzung der Tschechoslowakei im Rahmen eines Kompensationsgeschäftes mit der UdSSR. Nach Lieferung der Dokumentation erhielt das Werk Nr. 221 den Auftrag zum Nachbau von vorerst drei 210-mm-Kanonen bis zum 1. April 1940. Das in der Feuerstellung rund 44 t schwere Bettungsgeschütz wurde in drei Lasten gefahren (Bettung, Lafette, Rohr). Der Zusammenbau erfolgte nach bewährtem SKODA-Prinzip ohne Kran mittels Hebe- und Senkspindeln. Das 10.420 mm lange Rohr hatte einen Höhenrichtbereich von 0° bis +50° (Seite 90°). Die Höchstschussweite mit einer 135-kg-Spr.-Gr. F-643 betrug 30.360 m (volle Ladung). Von den 24 geplanten Geschützen sind bis 1941 neun Exemplare gebaut worden. Danach wurde die Herstellung zugunsten dringender benötigter Geschütze eingestellt. Acht dieser 210-mm-Kanonen waren am 1. Mai 1945 im Bestand von 4 Artillerieregimentern der Reserve des Oberkommandos (eine in Reserve). Alle 9 Geschütze wurden 1952 nochmals generalüberholt und verblieben bis ca. 1960 in der Reserve.

Die 210-mm-Kanone Br-17 mit Bettung im Zentralen Armeemuseum in Moskau.
Foto: Archiv Gerecke

Amerikanische 8-inch-Haubitze M1

Die Entwicklung einer 8-inch-Haubitze (Kal. 203 mm) für die U.S.-Artillerie begann bereits 1920. Nach mehreren Vorstufen (T1, T2) und Unterbrechung der Arbeiten führte man das Modell T3 zur Serienreife. Die Herstellung begann ab 1940, und im selben Jahr wurde die Haubitze als M1 eingeführt. Das in der Feuerstellung 13,5 t schwere Geschütz hatte eine Spreizlafette mit Kastenholmen und vier luftbereifte Zwillingsräder für schnellen Kraftzug (über 50 km/h). Das L/26,2-Rohr mit Schraubverschluss hatte einen Höhenrichtbereich von –2° bis +65° (je Seite 30°). Als Höchstschussweite wurden mit einer 90,7-kg-Spr.-Gr. 16.840 m erreicht (später 17.200 m). Als Zugwagen wurde überwiegend die 18-t-Kettenzugmaschine M4 eingesetzt. Bis 1945 sind von dieser Haubitze über 1000 Exemplare hergestellt worden. Nach dem 2. WK erhielt das Geschütz die Bezeichnung M 115. Als geringfügig verbessertes Modell wurde diese Haubitze auch an mehrere NATO-Partner abgegeben.

Die Bedienung einer 8-inch-Haubitze M1 bringt 1945 ihr Geschütz an der amerikanisch-deutschen Front in Stellung.
Foto: Standard Guide Tanks & Artillery

Tschechoslowakische schwere 24-cm-Kanone M.16/vz.16

Die schwere 24-cm-Kanone M.16 war eine Entwicklung des ehem. österreichisch-ungarischen Waffenherstellers SKODA in Pilsen. Die nach dem 1. WK bei SKODA für die neue tschechoslowakische Armee weiter produzierten Geschütze erhielten die Bezeichnung »24-cm-Kanone vz.16«. Noch vor Ausbruch des 2. WK erwarb Deutschland sechs dieser Geschütze von der Tschechoslowakei. Mit ihnen wurde im April 1940 die II. Abteilung des Heeresartillerieregiments 84 mit drei Batterien zu je zwei Geschützen aufgestellt. Der Transport dieser Kanone erfolgte in vier Lasten durch Elektro-Generator-Zugmaschinen und Elektro-Lasthänger. Zum Instellunggehen wurde eine Grube mit LxBxT = 6500x5200x1400 mm ausgehoben und darin die mitgeführte Bettung mit Drehkranz abgesenkt. Anschließend wurde die Lafette montiert und das Rohr eingezogen. Das Gewicht in der Feuerstellung betrug so 79,1 Tonnen. Die Richtbereiche der Kanone betrugen in der Höhe –5° bis +41,5°, Seite 360°. Die Höchstschussweite mit einer 198-kg-Spr.-Gr.(t) betrug 29.870 m. Zur Bedienung gehörten 16 Mann. Die Batterien der II./84 waren in Frankreich und in der Sowjetunion, u.a. bei der Belagerung von Leningrad, im Einsatz.

Links: Eine 24-cm-Kanone (t) beim Beschuss von Leningrad 1941.

Foto: PK-Foto Thiede

Deutsche 24-cm- schwere Kanone K3

Die 24-cm- schwere Kanone K3 wurde ab 1935 bei der Firma Rheinmetall entwickelt. Die Herstellung der 1938 eingeführten Geschütze erfolgte bei Krupp (6) und bei Rheinmetall (8). Vor Ausbruch des 2. WK wurde mit 6 Geschützen die I. Abteilung des Heeresartillerieregiments 84 aufgestellt (3 Batterien). Das rund 54,8 t schwere Geschütz wurde in 5 Lasten transportiert. Das Montieren des Geschützes in einer Feuerstellung erfolgte mittels Rollen, schiefer Ebenen und Zugmaschinen (kein Kran). Das 12.480 mm lange Mantelrohr war mit einem horizontalen Keilverschluss versehen. Für das Geschütz war eine zweifache Rücklaufhemmung vorgesehen. Das Rohr wurde mit Bremse in der Oberlafette gebremst, selbige dann noch mal mit Bremsen auf der Unterlafette. Die Richtbereiche betrugen in der Höhe –1° bis +56°, je Seite 3°. Das grobe Richten erfolgte auf der Grundplatte mit 360°. Die Höchstschussweite mit einer 152,3-kg-Spr.-Gr. betrug 37.500 m. Als Feuergeschwindigkeit wurde 1 Schuss in 3 bis 4 Minuten erreicht.

Eine 24-cm-Kanone K3 aus der Wehrtechnischen Studiensammlung des BWB in Koblenz.

Foto: Archiv der WTS des BWB Koblenz

Deutsche 24-cm-Kanone K3

Quelle: Archiv WTS des BWB, D-SK 29911

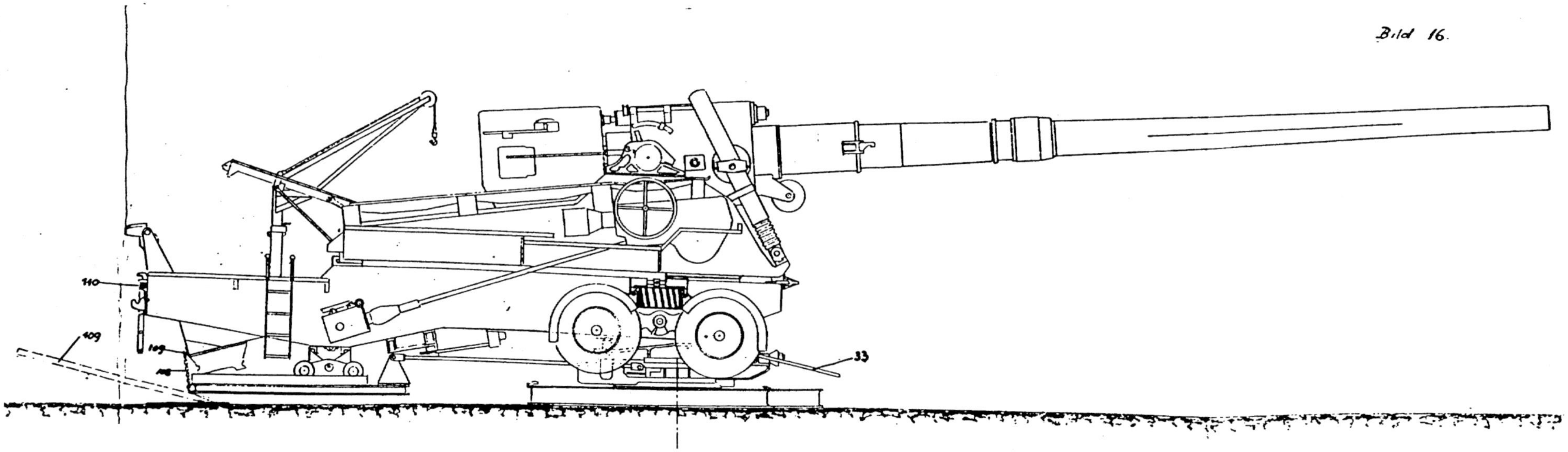

K3

Rechte Seite

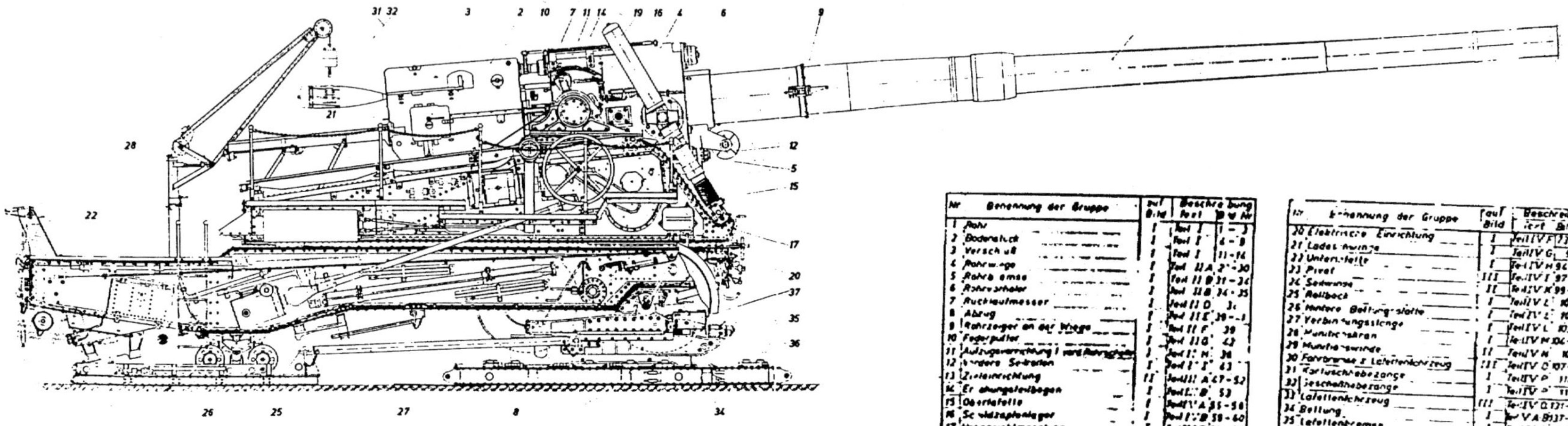

Nr	Benennung der Gruppe	auf Bild	Beschreibung Teil	Bild Nr
1	Rohr	I	Teil I	1 – 3
2	Bodenstück	I	Teil I	4 – 9
3	Verschluß	I	Teil I	11 – 14
4	Rohrwiege	I	Teil II A	27 – 30
5	Rohrbremse	I	Teil II B	31 – 34
6	Rohrvorholer	I	Teil II B	34 – 35
7	Rücklaufmesser	I	Teil II D	36
8	Abzug	I	Teil II E	[illegible]
9	Rohrzeiger an der Wiege	I	Teil II F	39
10	Federpuffer	I	Teil II G	42
11	Aufzugsvorrichtung I und Rohrschutz	I	Teil II H	38
12	Vordere Seitenlafette	I	Teil II I	43
13	Zieleinrichtung	II	Teil III A	47 – 52
14	Erhöhungsteilbogen	I	Teil III B	53
15	Oberlafette	I	Teil IV A	55 – 58
16	Schildzapfenlager	I	Teil IV B	59 – 60
17	Höhenrichtmaschine	I	Teil IV C	61 – 66
18	Seitenrichtmaschine	II	Teil IV D	67 – 68
19	Luftausgleicher	I	Teil IV E	69 – 71

Nr	Benennung der Gruppe	auf Bild	Beschreibung Teil	Bild Nr
20	Elektrische Einrichtung	I	Teil IV F	73 – 87
21	Ladeschwinge	I	Teil IV G	93
22	Unterlafette	I	Teil IV H	94 – 96
23	Pivot	III	Teil IV I	97 – 98
24	Seitenwinde	II	Teil IV K	99 – 100
25	Rollbock	I	Teil IV L	101
26	Hintere Bettungsplatte	I	Teil IV L	102
27	Verbindungsstange	I	Teil IV L	103
28	Munitionskran	I	Teil IV M	104 – 105
29	Munitionswinde	II	Teil V N	106
30	Fahrbremse z. Lafettenfahrzeug	III	Teil IV O	107 – 113
31	Kartuschhebezange	I	Teil IV P	114
32	Geschoßhebezange	I	Teil IV P	115
33	Lafettenfahrzeug	III	Teil IV Q	131 – 133
34	Bettung	I	Teil V A B	137 – 138
35	Lafettenbremse	I	Teil V C	139 – 141
36	Lafettenvorholer	I	Teil V D	142 – 144
37	Hydraulische Einrichtung	I	Teil V E	145 – 149

10421
4.540

Sowjetischer 280-mm-Mörser Br-5 obr. 1939

Ein weiteres Geschütz der sowjetischen schweren Artillerie war der 280-mm-Mörser Br-5 auf Einheits-Kettenfahrwerk. Die erste Rohrwaffe mit einer Länge von 4750 mm und Verschluss nach Schneider wurde 1936 erprobt. Unmittelbar danach lief die Serienproduktion im Werk »Barrikady« an. Der Höhenrichtbereich dieser Waffe betrug 0° bis +60° (je Seite 8°). Verschossen wurden Spreng- und Betongranaten. Mit der 246-kg-Spr.-Gr. F-674 erreichte man eine max. Schussweite von 10.950 m (Beton-Gr. 9800 m). Die Feuergeschwindigkeit betrug 1 Schuss in 8 Minuten. In der Feuerstellung wog dieses Geschütz 18.250 kg. Gefahren wurde es ebenfalls in zwei Lasten mit Traktorenzug. Bis zum Kriegseintritt der Sowjetunion im Juni 1941 sind noch 47 Mörser Br-5 an die Truppe ausgeliefert worden. Zusammen mit noch 25 vorhandenen französischen 280-mm-Mörsern von Schneider (aus dem 1. WK) wurden acht Mörserabteilungen in Artillerieregimentern gebildet, die alle zur Reserve des Oberkommandos gehörten. Auch die Mörser Br-5 wurden nach dem 2. WK noch mal instand gesetzt und verblieben noch einige Zeit in der Reserve.

Sowjetische 305-mm-Haubitze Br-18

Wie bei der 210-mm-Kanone Br-17 bereits erwähnt, sah der 1938 mit SKODA abgeschlossene Lizenzvertrag auch die Lieferung eines Prototyps einer 305-mm-Haubitze M40 zusammen mit der Herstellerdokumentation zum Nachbau der Geschütze vor. Von den ursprünglich 12 geplanten Haubitzen sind bis 1940 jedoch nur drei Exemplare nach einer geringfügig geänderten Konstruktion im Werk Nr. 221 gebaut worden. Das 44 t schwere Geschütz wurde in drei Lasten gefahren. Für den Übergang von der Marsch- in die Gefechtslage wurden 2 bis 3 Stunden benötigt. Das 6730 mm lange Rohr (Mantel mit Seelenrohr) hatte einen Richtbereich von –4° bis +70° (Seite 90°). Das Schießen war jedoch nur in der oberen Winkelgruppe von +40° bis +70° möglich. Als Höchstschussweite wurden mit einer 330-kg-Spr.-Gr. 16.500 m erreicht (geringste Schussweite 5.100 m). Auch diese Haubitzen überlebten zusammen mit den alten 305-mm-Haubitzen obr. 1915 den Krieg. Die drei Br-18 wurden ebenfalls 1952 nochmals instand gesetzt und verblieben bis 1960 in der Reserve.

Der 280-mm-Mörser Br-5 im Artilleriemuseum von St. Petersburg. *Foto: Autor*

Diese 305-mm-Haubitze Br-18 mit Rohr Nr. 1 und Lafette Nr. 1 wurde 1960 an das Artilleriemuseum im damaligen Leningrad übergeben (heute wieder St. Petersburg). *Foto: Autor*

Deutscher 21-cm-Mörser 18

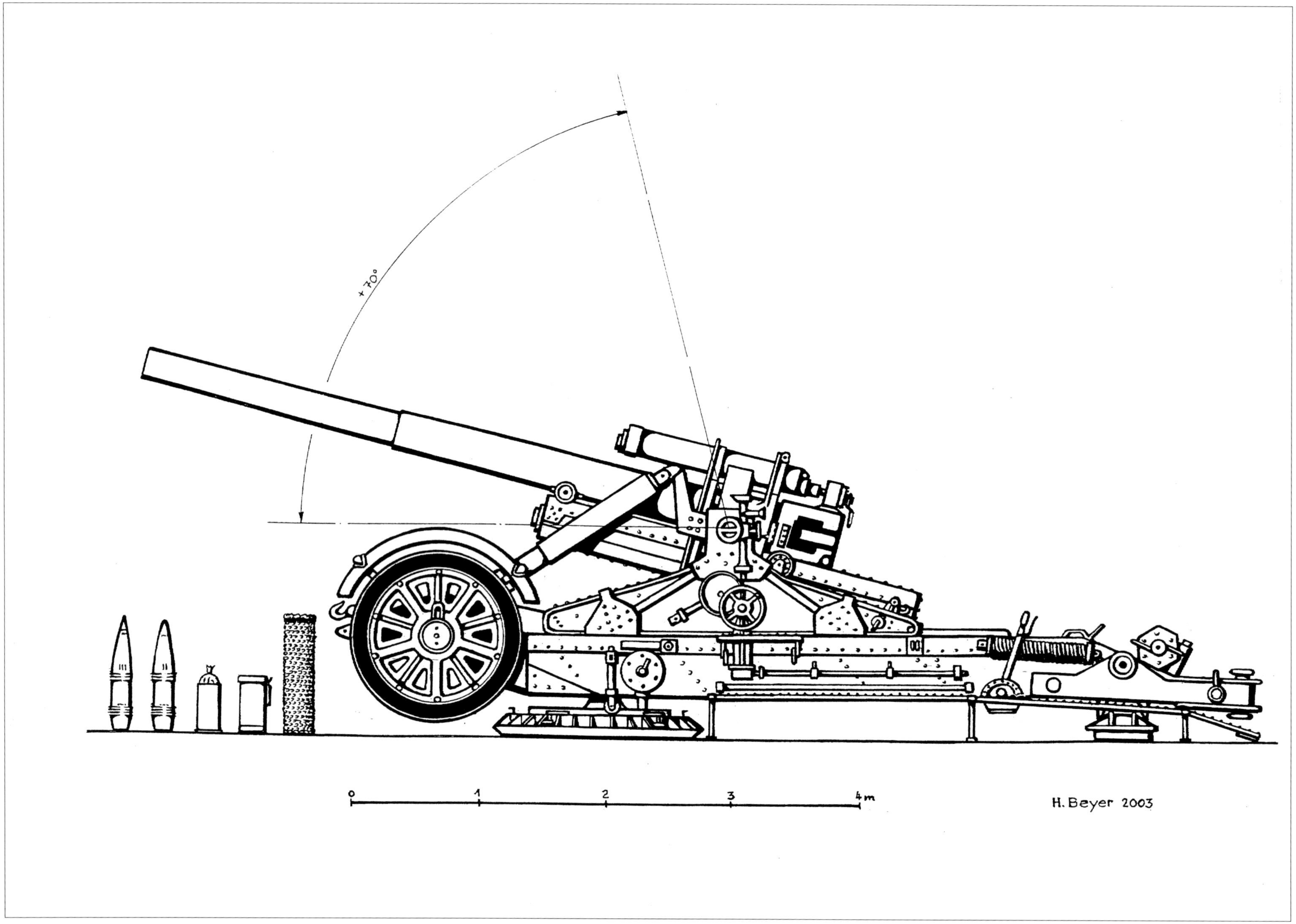

Flugabwehrgeschütze

Italienische 20-mm-Flak 20/65 M35

Die leichte 20-mm-Flak M35 war eine Entwicklung von S.I.E. Breda in Brescia. Als Gasdrucklader hatte die Waffe eine praktische Feuergeschwindigkeit von 120 S/Min. (theoretisch 200 bis 220 S/Min.). Das in Fahrstellung 354,5 kg schwere Geschütz wurde mit angesteckten Stahlrädern mit Kraftzug gefahren. Geschossen wurde meist mit abgenommenen Rädern auf Dreibeinlafette. Für einen Transport im Gebirge konnte es in 4 Teillasten zerlegt werden. Die max. Schusshöhe mit einer 0,13-kg-Spr.-Gr. betrug 2500 m (Vo=839 m/s). Das Geschütz wurde vor 1939 auch nach China exportiert. Von der deutschen Wehrmacht ab 1943 übernommene Geschütze erhielten die Bezeichnung »2-cm-Breda (i)«.

Die 20-mm-Breda-Flak in Fahr- ...

... und in Feuerstellung.

Fotos: SA National Museum of Military History

Deutsche 2-cm-Flak 30 und 38

Die ab 1939 eingeführte 2-cm-Flak 38 war eine verbesserte Version der bei Rheinmetall entwickelten 2-cm-Flak 30. Äußeres Merkmal waren die an der Wiege angebrachten Lagerringe. Die Rohrwaffe – Rohrlänge 2252,5 mm – arbeitete als Rückstoßlader. Mit einer Vo von 900 m/s erreichte man mit einer 0,3-kg-Spr.-Gr. eine max. Steighöhe von 3800 m (effektive Schusshöhe 2200 m). Die praktische Feuergeschwindigkeit konnte gegenüber der Flak 30 auf 220 S/Min. erhöht werden. Die Geschütze kamen mit und ohne Schutzschild zum Einsatz. Als Zugmittel dienten mittlere PKW bzw. leichte LKW. Darüber hinaus erfolgte im Verlaufe des 2. WK der Auf- bzw. Einbau auf verschiedene Sd. Kfz. (Halbkettenfahrzeuge), auf Panzerfahrgestelle, Eisenbahnwagen und Schlittengestell. Die leistungsfähigen leichten Flak-Geschütze kamen bei der Luftwaffe, bei Fallschirmjägern, beim Heer und bei der Luftwaffenfelddivision zum Einsatz (diverse Modifikationen auch als Marine-Flak).

Die 2-cm-Flak 38 auf Sonderanhänger 51 im War Museum Athen. *Foto: Autor*

Eine 2-cm-Flak 30 der Luftwaffe sichert an der neuen Westfront 1939 (»Komischer Krieg«, noch keine Kampfhandlungen). *Fotos: Archiv Tamm*

Deutsche Salvenmaschinenkanonen (S.M.K.)

Rund 50 Jahre nach dem Ende des 2. WK wurden durch den deutschen Waffen- und Fahrzeugexperten Heiner F. Duske vier bisher nicht bekannte leichte Flak-Geschütze deutschen Ursprungs in einem »Park des Sieges« in der Nähe von Moskau »wiederentdeckt«. Die im deutschen und angloamerikanischen Schrifttum so gut wie nicht bekannten Geschütze stellen insofern eine kleine Sensation dar, indem erstmals frühe Entwicklungsarbeiten zur Schaffung von vielläufigen Salvenmaschinenkanonen zur Tieffliegerabwehr in Deutschland nachgewiesen wurden. Als Entwickler treten Anfang der 30er Jahre die Firmen Rheinmetall und Mauser in Erscheinung. Dank der umfangreichen Recherchen von Karl R. Pawlas, Herausgeber der »Waffen Revue«, konnten wenigstens einige Typbezeichnungen, wenige technische Daten und Angaben ermittelt werden, die allerdings eine vollständige Beschreibung der Geschütze bis heute nicht ermöglichen. Allen 8-läufigen Waffen war eins gemeinsam, sie hatten nur einen Verschlussblock zum gleichzeitigen Abfeuern aller Rohre. Da hier offensichtlich ein 100%ig gleichzeitiges Zünden aller Granatpatronen nicht gewährleistet werden konnte, ist diese Entwicklung wohl frühzeitig eingestellt worden. Obwohl hier nur Prototypen als sowjetisches Beutegut vorliegen, sollen die mit den Nummern 1 bis 4 belegten Geschütze hier kurz gezeigt werden.

Salvenmaschinenkanone 1, S.M.K. 18 V1. Entwickler Rheinmetall, 8 Läufe nebeneinander, Kaliber 2 cm, Rückstoßlader, Vo = 900 m/s, Gewicht in Feuerstellung 520 kg, Feuergeschwindigkeit 80 S/Min. je Rohr, L/65-Rohr, Gewicht der Granate 0,115 kg, Magazin 20 Schuss.

Deutscher 2-cm-Flak-Vierling 38

Die ursprünglich nur für die Marine entwickelte Vierlings-Flak wurde ab 1940 auch von der Luftwaffe/Flak-Abteilungen eingeführt. Schon bald zeigte sich ihre Eignung für eine Heeresverwendung sowohl für die Truppenluftabwehr wie auch für den Erdkampf. Die ballistischen Leistungen einer Rohrwaffe waren die gleichen wie bei der Solo-Flak 38. Mit vier Rohren erreichte man jedoch eine praktische Feuergeschwindigkeit von 800 S/Min. Auch für dieses Geschütz wurde als Standard der Transport auf einem Sonderanhänger 52 vorgesehen. In der Feuerstellung wog dieses Geschütz 1514 kg. Auch hier erfolgte in vielfältiger Weise ein Aufbau auf Sd. Kfz. mit und ohne Schutzschild, versuchsweise auch auf Panzerfahrgestellen. Allein bei der Luftwaffe waren im Februar 1945 noch 3851 Vierlings-Flak 38 im Bestand.

Die 2-cm-Vierlings-Flak 38 auf Sonderanhänger 52 im U.S. Army Ordnance Museum in Aberdeen. *Foto: Archiv Schweizer*

Links: Salvenmaschinenkanone 2 mit 2 x 4 Rohren übereinander, Kaliber 2 cm.

Rechts: Salvenmaschinenkanone 3 mit 8 Rohren nebeneinander, andere Lafette wie S.M.K. 18 V1, große Bremszylinder und ein Vorholer auf den Rohren, Verschluss fehlt.

Unten: S.M.K. 4, Entwicklung von Mauser, 2 x 4 Rohre übereinander, Rohre mit durchlöchertem Kühlmantel versehen, Kaliber 16 mm, Vo = 900 m/s, Feuergeschwindigkeit 300 S/Min. je Rohr.
Fotos: Duske

Schweizer 20-mm-Flak Oerlikon FF (M. 28/29)

Die 20-mm-Oerlikon-Waffen, ursprünglich von dem deutschen Konstrukteur Rheinhold Becker entwickelt, waren eine der am meisten verbreitetsten leichten Flak-Geschütze in der Welt. Außer durch die Schweizer Firma Oerlikon wurden sie in Staaten wie den USA, Großbritannien, Kanada, Polen u.a. in Lizenz hergestellt. Ihr Haupteinsatzgebiet war in der Schiffsbewaffnung. Die Landversion war in der Regel auf Einachslafette fahrbar. In Fahrstellung wog das Geschütz 259 kg. Die Waffe war ein Rückstoßlader, anfänglich mit Steckmagazin (15 Schuss), später mit dem bekannten Trommelmagazin mit 60 Schuss. Die praktische Feuergeschwindigkeit lag bei 120 S/Min., die effektive Schusshöhe reichte von 1100 bis 1500 m (Vo = 830 m/s). In Deutschland erhielt die Waffe die Bezeichnung »2-cm-Flak 28 und 29«. Oerlikon-Geschütze blieben noch längere Zeit nach dem 2. WK in Gebrauch.

Eine 20-mm-Oerlikon auf Einachslafette mit Stützholmen. *Foto: Freivogel*

Französische 25-mm-Flak Hotchkiss Mle 1938

Die in Frankreich als »Mitrailleuse de 25 mm sur affut« bezeichnete leichte Flak wurde schon vor 1930 vom französischen Waffenhersteller Hotchkiss entwickelt. Fortlaufend verbessert unterschied man zwei Versionen. Mle 1938 war das Modell auf Dreiholmlafette mit Transporthänger, Mle 1939 das schwerere Modell mit Drehkranzlafette. Auf Dreibeinlafette wog das Geschütz in der Feuerstellung 850 kg. Der Höhenrichtbereich betrug –5° bis +80° (Seite 360°). Mit einer 0,29-kg-Spr.-Gr. erreichte man eine max. Steighöhe von 5000 m. Die praktische Feuergeschwindigkeit betrug 175 S/Min. (Vo = 875 m/s). Die Munitionszufuhr erfolgte mit Magazinen mit je 10 Schuss. Bis zum Mai 1940 waren 1103 Geschütze beider Modelle im Bestand. Von der deutschen Wehrmacht erbeutete Geschütze erhielten die Bezeichnung »2,5-cm-Flak Hotchkiss 38 und 39«.

Deutsche 3,7-cm-Flak 36

Die 3,7-cm-Flak 36 war eine verbesserte Version der seit 1930 bei Rheinmetall entwickelten Flak 18 gleichen Kalibers (Rückstoßlader). Die ballistischen Werte blieben die gleichen, wogegen bei der Flak 36 nacheinander mehrere neue Visiere zum Einsatz kamen. Das in Fahrstellung 2400 kg schwere Geschütz war auf einachsigem Sonderanhänger 52 fahrbar. Es gab auch ortsfeste Versockelung sowie Aufbau auf verschiedene Sd. Kfz. als Fla-SFL. Die max. Schusshöhe mit einer 0,55-kg-Spr.-Gr. betrug 4780 m (max. Schussweite 6500 m). Die praktische Feuergeschwindigkeit betrug 120 S/Min. (Vo = 820 m/s). Auf SFL wurde das Geschütz vielfach auch im Erdkampf eingesetzt (Vo Panzergranate 770 m/s). Die Geschütze kamen bei der Luftwaffe wie auch bei Heeresflakeinheiten zum Einsatz.

Eine 3,7-cm-Flak 36 einer Marine-Flakabteilung in offener Feuerstellung zum Schutz des Nord-Ostsee-Kanals 1942. *Foto: Archiv Meyer*

Links: Französische 25-mm-Flak Hotchkiss Mle 1938 im War Museum von Athen. *Foto: Autor*

Die 3,7-cm-Flak 36 auf Sonderanhänger 52 im Musée Memorial Bayeux.
Foto: Verhaaren

Die 37-mm-Flak 61-K im Artilleriemuseum von St. Petersburg. *Foto: Autor*

Italienische 37-mm-Flak Mod. 39

Die »Cannone- mitragliera da 37/54 modello 39« wurde ab 1937 bei Breda in Brescia entwickelt. Erste Geschütze für ortsfesten Einsatz kamen 1939 zur Truppe. Das 2975 kg schwere Geschütz mit L/54-Rohr hatte einen Höhenrichtbereich von –10° bis +90° (Seite 360°). Mit einer 0,8-kg-Spr.-Gr. wurde eine max. Schusshöhe von 4000 m erzielt. Die praktische Feuergeschwindigkeit betrug 140 S/Min. (Magazin mit 6 Schuss). Ab 1940 wurden für diese Flak auch Sonderanhänger für mobilen Einsatz eingeführt. Von der deutschen Wehrmacht ab 1943 beschlagnahmte Geschütze erhielten die Bezeichnung »3,7-cm-Flak Breda (i)«.

Die 37-mm-Flak 39 während einer Vorführung am 19. August 1939 in Arzio.
Foto: Krupp R-Mitteilungen Oktober 1939

Sowjetische 37-mm-Flak 61-K obr. 1939

Die automatische 37-mm-Flak 61-K war ein Standardgeschütz sowohl bei der zentralen Luftverteidigung wie auch bei der Armeeluftabwehr (Truppenluftabwehr) der sowjetischen Streitkräfte. Nach Studien und Versuchsmodellen erhielt 1935 das Werk Nr. 8 den Auftrag zur Herstellung von 20 Geschützen, davon 10 für Automobilmontage, 5 für Schiffsmontage und 5 zum Aufbau auf SFL auf Basis des leichten Panzers T-26. Nach langwierigen Erprobungen, Parallelentwicklungen von 25- und 45-mm-Flakgeschützen lief die Großserienfertigung der 61-K erst 1942 an. Der Höhenrichtbereich dieser Flak ging von –5° bis +85° (Seite 360°). Die Feuergeschwindigkeit betrug 160 bis 180 S/Min. Das in Fahrstellung 2830 kg schwere Geschütz konnte mit 60 km/h auf der Straße gefahren werden. Bis 1945 sind von diesem Modell 16.916 Geschütze plus 100 für SFL SU-37 (ASU-37) hergestellt worden (Shirokorad). Das abgebildete Geschütz mit der Werks-Nr. 25 gehörte bei Kriegsende zur 3. Batterie der 249. Armeeluftabwehrbrigade.

Deutsche 3,7-cm-Flak 43

Die 3,7-cm-Flak 43 war eine Weiterentwicklung der Vorgänger-Flak 36. Als Gasdrucklader wurde jetzt eine praktische Feuergeschwindigkeit von 180 S/Min. erreicht. Bei der Herstellungstechnologie wurde in größerem Maße die Blechprägetechnik genutzt, sodass weit mehr Geschütze in vergleichbarer Zeit zur Flak 36 hergestellt werden konnten. Die ballistischen Leistungen blieben die gleichen wie bei der Flak 36 (gleiche Munition). Die Granatpatronen wurden hier mit Ladestreifen zu 8 Schuss seitlich zugeführt. Es gab auch eine Zwillingsversion, bei der die Rohre übereinander angeordnet waren. Von den bei Rheinmetall und Zulieferern gefertigten Geschütze waren Anfang 1945 noch 1030 Exemplare im Bestand.

Eine 40-mm-Flak der australischen Luftabwehrtruppe vor dem Veteranenklub in Alice Springs (Lizenzbau). *Foto: Autor*

Eine 3,7-cm-Flak 43 im ehem. Armeemuseum in Dresden (heute Militärhistorisches Museum der Bundeswehr). *Foto: Autor*

Schwedische 40-mm-Flak L/60 BOFORS

Die schwedische BOFORS-Flak zählte wohl zu den bekanntesten leichten Flak-Geschützen der Welt. Das automatische Gasdruckladersystem war mit dem Kaliber von 40 mm Anfang der 30er Jahre ein absolutes Novum. Viele Staaten, so auch Großbritannien, beschafften noch vor Ausbruch des 2. WK diese Flak für ihre Luftverteidigung. Ab 1941 wurde dieses Waffensystem in Lizenz in Großbritannien, den USA, Kanada und auch in Polen hergestellt. Obwohl die praktische Feuergeschwindigkeit mit 60 bis 80 S/Min. noch zu wünschen übrig ließ, überzeugte die Waffe jedoch durch ihre hohe Zuverlässigkeit und Genauigkeit. Geladen wurde mit Steckmagazinen zu je vier Schuss. Mit einer 0,907-kg-Spr.-Gr. wurde eine max. Steighöhe von 7100 m erreicht. Die effektive Schusshöhe lag bei 1500 bis 2000 m. Außer als mobile und ortsfeste Flak kam die Waffe auch auf SFL und in großer Zahl als Schiffsgeschütz zum Einsatz (Solo, Zwilling und 2 x Zwilling). L/60-Flakgeschütze blieben bis zur Einführung der L/70-Geschütze noch lange Zeit nach dem 2. WK in Gebrauch.

40-mm-Flak MK IV auf Plattform für Lufttransport. *Foto: K.P. Mehl*

40-mm-Beuteflak ortsfest bei einer Marine-Flakabteilung zur Sicherung des Nord-Ostsee-Kanals 1942. *Foto: Archiv Meyer*

Französische 75-mm-Flak Mle 1930, 1932 und 1933

Anfang der 30er Jahre entwickelte die französische Firma Schneider nacheinander mehrere Modelle von Flak-Geschützen, deren Rohrwaffen teilweise auch bei Feldkanonen zum Einsatz kamen (Mle 1928). Typisch für mehrere Modelle war das Zweirad-Fahrgestell mit ab- bzw. beiklappbaren Holmen (für Kreuzlafette). Bei einigen konnten die vorderen Holme hochgeklappt werden, die hinteren wurden eingeschwenkt und bildeten bei der Mle 1930 zugleich den Zugholm. Mle 1930 stützte sich zusätzlich auf vier Plattformteller ab. Die Rohrwaffen hatten eine Länge von 4000 mm (Mle 30), bzw. 4005 mm (Mle 33) und waren teilweise mit einem aufgeschraubten Mündungsdämpfer versehen. Mit einer Vo von 685 m/s betrug die max. Steighöhe 8200 m (Mle 33 mit 9-kg-Spr.-Gr. nur 7200 m). Eine große Zahl französischer Flak-Geschütze wurde im 2. WK als Beutewaffen durch die deutsche Wehrmacht und Luftwaffe weitergenutzt (Mle 1930, 1933, 1936 u.a.).

Eine französische 75-mm-Flak Mle 1932 in ausgebauter Feuerstellung. *Foto: Archiv Touzin*

Die französische 75-mm-Flak Mle 1933 in Fahrstellung.
Foto: Touzin

Sowjetische 85-mm-Flak obr. 1939 (52-K) und obr. 1944 (KS-1)

Neben der Entwicklung und dem Bau der 76-mm-Flak obr. 1931 und 1938 begann ab September 1937 die Erarbeitung eines Projekts für eine 85-mm-Flak 52-K durch das Konstruktionsbüro Nr. 8. 1938 wurde das erste Geschütz noch in der Lafette der 76-mm-Flak 3K erprobt. Ab Juli 1940 gingen vier Geschütze auf neuer Lafette in die Truppenerprobung. Unmittelbar danach begann die Großserienproduktion (Werksbezeichnung 52-P-365). Das 4693 mm lange Rohr war mit einem halbautomatischen Fallkeilverschluss ausgerüstet. Der Höhenrichtbe-

Die 7,7-cm-Flak von Kongsberg im Vorsvarsmuseet in Oslo.
Foto: Autor

Norwegische 7,7-cm-Flak M 1932

Die 7,75-cm-Flak-Geschütze waren 1932 die ersten in Norwegen hergestellten Flugabwehrkanonen eigener Konstruktion. Als Entwickler wird Major Selmer genannt, hergestellt wurden sie bei der Waffenfabrik Kongsberg. Das L/45,8-Rohr war mit einem rechtsseitigen Gleitkeilverschluss ausgestattet. Als max. Steighöhe werden 9.700 m angegeben (max. Schussweite 15.000 m). Das Flakregiment in Stavern erhielt 1936 acht dieser Geschütze. Weitere wurden zum Schutz des Luftraumes von Oslo vorgesehen.

reich betrug –3° bis +82° (Seite 360°). Als max. Steighöhe wurden mit einer 9,2-kg-Spr.-Gr. 10.500 m erreicht (max. Schussweite 15.500 m). Die von der deutschen Wehrmacht ab 1941 in großer Zahl erbeuteten Geschütze wurden entweder mit Beutemunition als »8,5-cm-Flak M39 (r)« weitergenutzt oder auf das deutsche Kaliber 8,8 cm aufgebohrt. Ab 1943 modernisierte man diese Flak in der Sowjetunion. Das Rohr wurde auf 5740 mm verlängert und erhielt eine neue Mündungsbremse. Für den Erdkampf erhielt die Flak auch ein Schutzschild. Die meisten Geschütze der modernisierten Version KS-1 und KS-12 sind nach 1945 hergestellt worden. Die max. Steighöhe betrug jetzt 12.000 m. Insgesamt sind bis 1945 13.422 Flak-Geschütze dieser Typen hergestellt worden (1945 bereits 712 Geschütze des mod. Typs KS-12). Nach dem 2. WK wurden solche Geschütze in großer Zahl an verbündete Armeen des Warschauer Vertrages abgegeben.

Rechts: Eine modernisierte 85-mm-Flak obr. 1944 im Memorialpark von Banska Bistrica.
Foto: Autor

Links: Eine 85-mm-Flak obr. 1939 bei der Luftverteidigung von Kiew.
Quelle: 50 Jahre Sowjetstreitkräfte

Deutsche 8,8-cm-Flak 18, 36 und 37

Die deutsche »Acht-Acht« war wohl eines der bekanntesten Geschütze im 2. WK. Das weniger wegen ihrer Schussleistungen als Flak – sie waren nur durchschnittlich –, als vielmehr durch ihren Einsatz bei der Panzerbekämpfung auf fast allen europäischen Kriegsschauplätzen sowie in Nordafrika. Die Entwicklung dieses Geschützes begann bereits ab 1928 durch Ingenieure von Krupp, die zu dieser Zeit beim schwedischen Waffenhersteller BOFORS arbeiteten. Die Herstellung begann ab 1928 nach einer eigenen Konstruktion bei der Firma Rheinmetall. Die ersten Geschütze wurden als »8,8-cm-Flak 18« ab 1933 an die Truppe ausgeliefert. Beim Flak-Einsatz betrug die max. Steighöhe mit einer 9,4-kg-Spr.-Gr. 9000 m. Als wirksame Schusshöhe galten 8000 m, was schon bald nicht mehr zur Bekämpfung höher anfliegender Boberverbände der Alliierten ausreichte. Die Höchstschussweite betrug dagegen 14.800 m. Von den bereits vielfach beschriebenen Geschützen ist bekannt, dass sie mobil auf Sonderanhänger 201, auf Eisenbahn-Plattformwagen und ortsfest eingesetzt wurden. Ab 1940 erhielten besonders die Geschütze der Heeres-Flak Schutzschilde für den Erdkampf. Die weiterentwickelten Flak-Geschütze 36 und 37 unterschieden sich hauptsächlich durch den Übergang auf ein geteiltes Seelenrohr (Flak 36) sowie durch den Einsatz neuer Übertragungsmelder von den Kommandogeräten. Im Februar 1945 waren noch 9302 Flak-Geschütze 18, 36 und 37 im Bestand. Von den ab 1939 bei Rheinmetall weiterentwickelten Flak-Geschützen 41 (Schusshöhe 14.700 m) wurden bis Februar 1945 noch 279 Exemplare hergestellt.

Eine 8,8-cm-Flak 18 im Park der kanadischen Militärakademie in Kingston.

Die 8,8-cm-Flak 37 in der firmeneigenen Studiensammlung von Rheinmetall. Fotos: Autor

Deutsche 8,8-cm-Flak 18

Quelle: Archiv Rheinmetall, L.Dv. 436

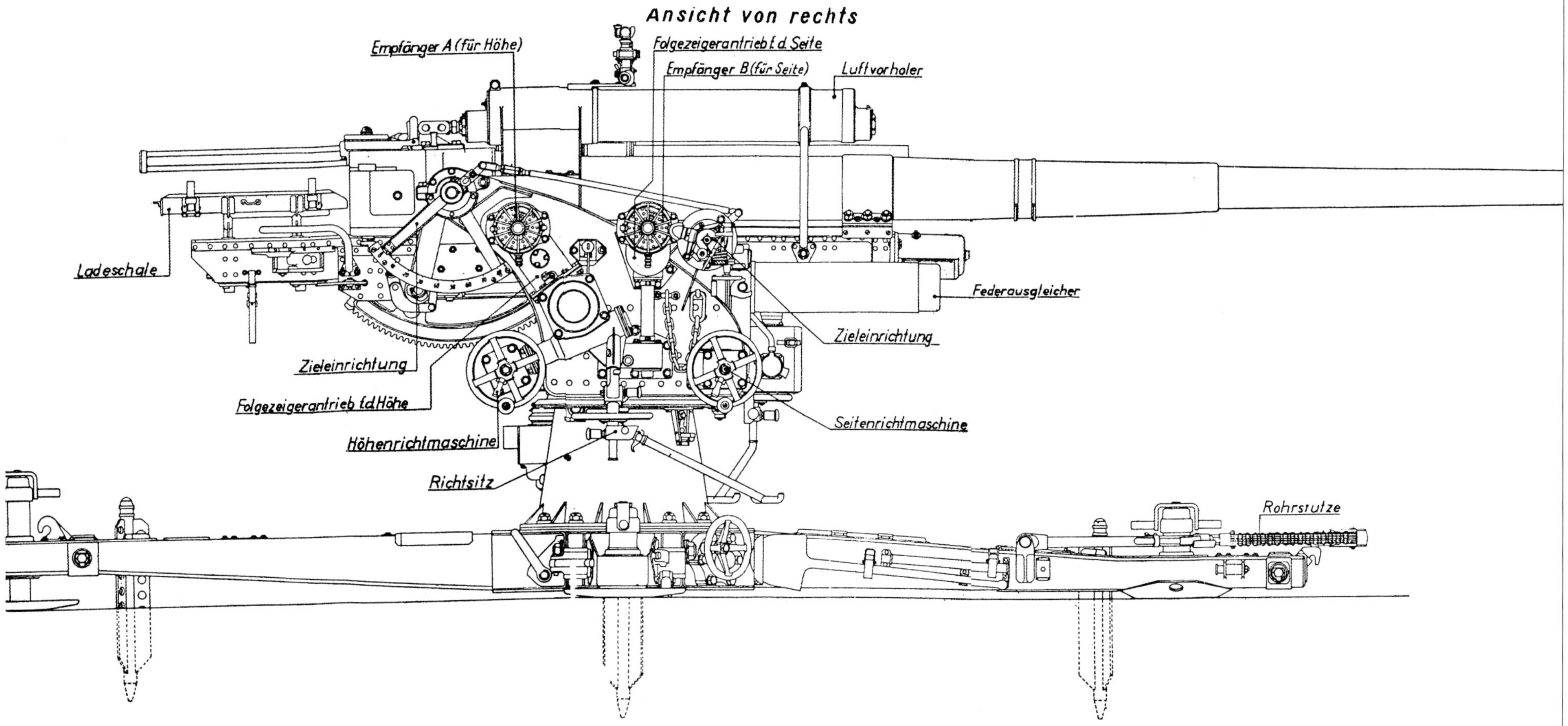

Amerikanische 90-mm-Flak M1

Die 90-mm-Flak wurde als Ablösemodell für die 3-inch-Flak ab 1936 entwickelt. Nach Erprobungen von Prototypen T1 und T2 wurde die Flak als M1 im März 1940 eingeführt. Das Modell M1 hatte ein Einachsfahrgestell, bei dem in Fahrstellung das Geschütz annähernd auf die Achse gezogen wurde, die Holme hochgeklappt und die Bedienplattform auf den Zugholmen hochkant befestigt wurde. Der Höhenrichtbereich betrug –5° bis +80° (Seite 360°). Mit einer 10,3-kg-Spl.-Gr. wurde eine max. Schusshöhe von 10.200 m erreicht. Zur Feuerleitung der Flakbatterien wurde schon 1938 ein Funkmeßgerät entwickelt und beim U.S. Army Signal Corps erprobt. Die Einführung als Radar SCR-268 erfolgte 1941. Nach den Erfahrungen mit der deutschen 8,8-cm-Flak in Nordafrika wurde auch für die 90-mm-Flak ein Zweiachsfahrgestell entwickelt, sodass nun von den Rädern bei abgesenktem Geschütz geschossen werden konnte. Die so modernisierte Flak erhielt die Modell-Nr. M2. Die 90-mm-Flak wurde bei Erfordernis auch als Feldgeschütz bzw. im Erdkampf gegen Panzer eingesetzt. Nach dem 2. WK wurden Flak-Geschütze dieses Typs auch an NATO-Partner abgegeben.

Britische 3.7-inch-Flak MK I und MK III

Die von Vickers Anfang der 30er-Jahre entwickelte 3.7-inch-Flak (94 mm) war ein Standardgeschütz der britischen Luftabwehr im 2. WK. Es gab sie in ortsfester Pivotlafette wie auch in mobiler Form mit Kreuzlafette auf Spezialanhänger. Der Höhenrichtbereich ging von –5° bis +80°. Mit einer 12,7-kg.-Spl.-Gr. wurde eine max. Schusshöhe von 9.700 m erreicht. Ab 1943 erhielten die Geschütze halbautomatische Ladeeinrichtungen, sodass nunmehr eine Feuergeschwindigkeit von 25 S/Min. erzielt wurde. Die abgebildete Flak auf Spezialanhänger gehörte 1942 zur Luftverteidigung der nordaustralischen Stadt Darwin. Die nur in geringer Anzahl vorhandenen Geschütze waren nicht in der Lage, die verheerenden japanischen Luftangriffe auf Darwin abzuwehren. Von deutschen Truppen in Frankreich erbeutete Geschütze wurden als 9,4-cm-Flak Vickers M39 (e) weitergenutzt.

Oben: Eine 90-mm-Flak M1 in Feuerposition in der Sammlung des Tøjhusmuséet in Kopenhagen (Flak heute im Varde Artillerie Museum). *Foto: Autor*

Rechts: Eine 3.7-inch-Flak MK I im East Point Military Museum in Darwin. *Foto: Autor*

Die 3.7-inch-Flak MK III im Südafrikanischen Museum für Militärgeschichte in Saxonwold.
Foto: SA National Museum of Military History

Eine 10,5-cm-Flak 39 in ausgebauter Stellung bei der Großbatterie Kattwyk bei Hamburg.

Unten links: Der K2 an der elektrohydraulischen Seitenrichtmaschine.

Unten rechts: Der K3 an der Zünderstellmaschine der 10,5-cm-Flak.

Fotos: Steffen

Deutsche 10,5-cm-Flak 38 und 39

Die 10,5-cm-Flak war ursprünglich als Marinegeschütz entwickelt. Ab 1933 erteilte man den Auftrag, das Geschütz für eine Landverwendung durch die spätere Luftwaffe umzukonstruieren. Auf niedrigem Pivotsockel wurde nun eine Lafette mit Kreuzholmen vorgesehen. Der Höhenrichtbereich ging von –3° bis +85° (Seite 360°). Für mobilen Einsatz wurde der Sonderanhänger 203 entwickelt. In der Fahrstellung wog das Geschütz 14,6 t (Feuerstellung 10,2 t). Die max. Schusshöhe mit einer 15,1-kg-Spl.-Gr. betrug 12.800 m (Zündreichweite 11.800 m). Das Geschütz hatte elektrische Richtantriebe und elektrische Ladeeinrichtung. Bis 1940 wurde das Geschütz noch mal überarbeitet und erhielt jetzt die Übertragungsmelder 37 (Flak 39). Die 10,5-cm-Flak-Geschütze kamen hauptsächlich bei der Heimatverteidigung zum Einsatz (ortsfest, auf Eisenbahnwagen oder mobil verlegbar). Bis August 1944 waren rund 2010 dieser Geschütze bei der Luftverteidigung im Einsatz.

Oben: Eine 10,5-cm-Flak m/42 im Bredskapsmuseet (1944 mit Werks.-Nr. 20 bei BOFORS hergestellt). *Foto: Meyer*

Schwedische 10,5-cm-Flak m/42

Die 10,5-cm-Flak-Geschütze wurden bereits ab 1935 vom schwedischen Waffenhersteller BOFORS hergestellt. Fortlaufend verbessert bildeten sie sowohl das Rückgrat der schwedischen Luftverteidigung und waren zugleich ein gefragter Exportartikel. Das Modell m/42 auf Vierholmlafette wog in der Feuerstellung 6,2 t (Fahrstellung 7,8 t). In der Höhe konnte von –5° bis +85° gerichtet werden (Seite 360°). Die max. Steighöhe mit einer 16-kg-Spr.-Gr. betrug 11.000 m (max. Schussweite 16.500 m).

Deutsche 12,8-cm-Flak 40

Die Entwicklung einer schweren Flak wurde schon 1936 bei der Rheinmetall-Borsig AG in Auftrag gegeben. 1938 waren Prototypen für Schießerprobungen fertig. 1941 wurden die ersten Seriengeschütze an die Flak-Truppe der Luftwaffe ausgeliefert. Das in der Feuerstellung 17 t schwere Geschütz wurde hauptsächlich ortsfest zur Luftverteidigung bei festgelegten Objekten sowie auf Eisenbahnplattformwagen für veränderlichen Ortseinsatz eingesetzt. Es gab auch eine mobile Variante auf 4-achsigem Sonderanhänger 220, von der auf Grund des hohen Gewichts von 27 t (Fahrstellung)

12,8-cm-Flak 40/1 in der Wehrtechnischen Studiensammlung des BWB in Koblenz. *Foto: Autor*

Die 12,8-cm-Flak auf Eisenbahnplattformwagen.
Foto: Archiv Rheinmetall

Eine 12,8-cm-Zwillingsflak als Kriegsbeute im U.S. Army Ordnance Museum in Aberdeen. *Foto: Archiv Schweizer*

jedoch nur wenige Exemplare gebaut wurden. Die max. Schusshöhe mit einer 26-kg-Spl.-Gr. betrug 14.800 m (max. Schussweite 20.950 m). Mit automatischer Ladeeinrichtung wurde eine Feuergeschwindigkeit bis 12 S/Min. erreicht (Vo = 880 m/s). Ab 1942 wurde auch eine Zwillingsflak mit gleichem Kaliber hergestellt. Sie wurde ausnahmslos auf erbauten Flaktürmen in Hamburg, Berlin und Wien aufgebaut. Das jetzt in der Feuerstellung 27 t schwere Zwillingsgeschütz, Hersteller auch Hanomag in Hannover, kam mit beiden Rohren auf eine Feuergeschwindigkeit von 24 S/Min. Bei Kriegsende waren auch noch neue 15-cm-Flak-Geschütze bei Krupp (Gerät 50) und bei Rheinmetall (Gerät 60 und 65 F) in der Entwicklung, von denen jedoch nur Prototypen fertiggestellt wurden.

Entfernungsmesser und Kommandogeräte der Flak-Artillerie

Unabdingbar für ein wirkungsvolles Schießen der Flak-Artillerie waren anfänglich optische Entfernungsmesser und so genannte Kommandogeräte. Letztere dienten zur Ermittlung der Schieß- und Richtwerte für eine Flakbatterie unter Berücksichtigung aller wichtigen Faktoren (Zielhöhe und Entfernung, Zielgeschwindigkeit, Flugzeit der Granaten, meteorologische Bedingungen u.a.). Es gab eine größere Zahl unterschiedlicher Entfernungsmesser und Kommando-Hilfsgeräte sowie Kommandogeräte. Optische Entfernungsmesser wurden schrittweise durch Funkmessstationen ersetzt. Im Folgenden werden einige ausgewählte Geräte als Beispiele gezeigt.

Britischer 12-foot-Entfernungsmesser Typ M.P.2 (3,6m-Basis)
System Daar & Strouds Patent. East Point Military Museum Darwin.

Deutscher Raumbildentfernungsmesser 4m EM (R) 40 (4m-Basis) *Sammlung P. Tamm*

Deutsches Kommandogerät 40 mit Entfernungsmesser 4m EM (R) 40. Eingeführt ab 1940. Messbereich 1,2 bis 100 km (theoretisch). 10,5-cm-Flakbatterie Kattwyk bei Hamburg.

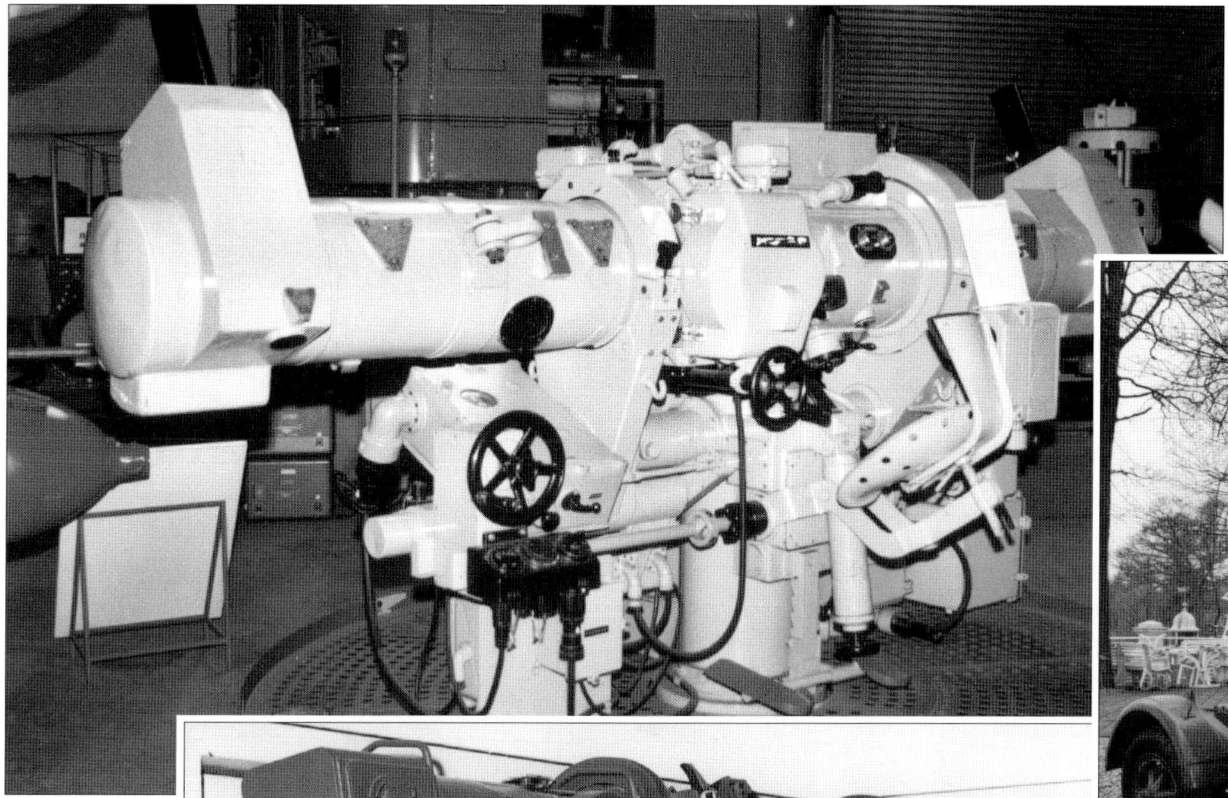

Links oben: Deutscher Flak-Entfernungsmesser 3m R.U. 1944. Hersteller Carl Zeiss, Jena. Messbereich 1 bis 100 km (theoretisch), praktisch 1 bis 7,2 km. *WTS des BWB Koblenz*

Deutscher 150-cm-Flak-Scheinwerfer auf Sonderanhänger 104.
Sammlung P. Tamm
Fotos: Autor

Links unten: Sowjetisches Kommandogerät PUASO-6 für Flakbatterien mit Kaliber 57 bis 100 mm (nach 1945). Auch ein Laie kann durch Vergleich erkennen, dass hier der deutsche Entfernungsmesser 4m Em(R) 40 nachgebaut wurde.
Armeemuseum Dresden (heute Militärhistorisches Museum der Bundeswehr)

Schwedischer 150-cm-Flak-Scheinwerfer SIA 1937 (davor 20-mm-Flak BOFORS m/40). *Foto: Meyer*

Deutsches Funkmessgerärt FuMe 39 T (D2) *Foto: Steffen*

Artillerie auf Selbstfahrlafetten

4,7-cm-Pak (t) auf PzKpfw I B

Beim Einmarsch der deutschen Wehrmacht in die Tschechoslowakei im März 1939 wurde eine größere Anzahl von 4,7-cm-Panzerabwehrgeschützen beschlagnahmt bzw. übernommen. Die bei SKODA entwickelten Geschütze vz.36 und vz.38 auf Zweiradlafette waren für die damalige Zeit leistungsfähige Pz.-Abwehrgeschütze. Kein Wunder also, dass man gleich 1940 beschloss, solche Geschütze auf Panzerfahrgestelle zu montieren, um damit der Wehrmacht eine erste Panzerabwehr-SFL zuzuführen. Genutzt wurden dafür Fahrgestelle des Panzers I, Ausführung B. Schon ab März 1940 konnten von der Umbaufirma Alkett in Berlin-Spandau die ersten Fahrzeuge ausgeliefert werden. Die 4,7-cm-Kanone vz.38 hatte mit einer Pz.-Gr. 36 (t) eine Durchschlagsleistung von 47 mm/500 m/60° (Vo = 775 m/s). Insgesamt wurden rund 360 Panzerfahrgestelle I B und die von französischen Beutepanzern Renault 35 R mit dieser Waffe bestückt.

Eine von der britischen Armee Ende 1942 bei El-Alamein erbeutete Pz.-Jäger-SFL mit 4,7-cm-Pak vz.36 in der Wehrtechnischen Studiensammlung in Koblenz. *Foto: Autor*

Ein StuG III mit kurzer L/24-Kanone. *Foto: Archiv Touzin*

Deutsches Sturmgeschütz III, Ausführung A bis G

Bereits 1936 erhielt die deutsche Firma Daimler-Benz den Auftrag zur Entwicklung eines Sturmgeschützes (StuG), das als Selbstfahrlafette auf der Basis des Panzers III vorrangig zur Infanterieunterstützung eingesetzt werden sollte. Die kurze 7,5-cm-Kanone L/24 wurde in einem gepanzerten Aufbau eingebaut, sodass dieses Fahrzeug eine sehr niedrige Silhouette aufwies. Nach dem Bau von Versuchsfahrzeugen lief die Serienfertigung der Ausführung A 1940 an (30 Fahrzeuge). Es folgten modifizierte und verbesserte Serien mit gleichem Geschütz bis zur Ausführung E. Schon Anfang 1939 erhielt Krupp einen Auftrag, eine leistungsstärkere 7,5-cm-Kanone (lang) L/42 zu entwickeln, die erstmalig im März 1941 in ein StuG eingebaut wurde. Auch diese Rohrwaffe wurde nochmals verbessert und kam als StuK 40 in Sturmgeschütze der Ausführung F (Sd.Kfz. 142/1) zum Einbau. Den Abschluss dieser Entwicklung stellte das StuG III, Ausführung G, dar. Als Kanone kam hier die StuK 40 L/48 zum Einbau. Mit dieser Waffe konnte bei der Panzerbekämpfung auf 400 m Schussentfernung eine 70 mm star-

Ein StuG III, Ausf. G, mit »Saukopfblende« im Memorialpark in Banska Bystrica, Slowenien.
Foto: Autor

ke Panzerung durchschlagen werden. StuG III, Ausf. G, hatte die Abmaße L x B x H = 6770 x 2950 x 2160 mm. Das Gefechtsgewicht betrug 23,9 t. Zur Verbesserung des Schutzes gegen Hohlladungsgranaten erhielten viele Sturmgeschütze an den Seiten noch 5-mm-Panzerschürzen. Insgesamt sind über 8400 Sturmgeschütze hergestellt worden. Abweichend von ihrer ursprünglichen Rolle als Infanterieunterstützungswaffe wurden Sturmgeschütze zunehmend auch in Panzerverbänden bzw. bei Panzerjägereinheiten eingesetzt.

Deutsche Panzerjäger-Selbstfahrlafetten mit 7,62-cm-Pak 36 (r)

Beim Einmarsch der deutschen Wehrmacht in die Sowjetunion wurde bei den anschließenden Kämpfen eine große Zahl sowjetischer 76,2-mm-Divisionskanonen F-22 und USW erbeutet. Bei der F-22 mit ihrem L/51-Rohr stellte sich schnell heraus, dass sie ein vorzügliches Panzerabwehrgeschütz abgeben könnte (Daten s. F-22). Das Geschütz erhielt in Deutschland eine Mündungsbremse. Um nachgefertigte 7,62-cm-Pz.-Gr. mit der Kartusche der deutschen 7,5-cm-Pak 40 kombinieren zu können, wurde der Ladungsraum der F-22 aufgebohrt. Während ein Teil der rund 900 Beutekanonen auf ihrer Radlafette für Kraftzug verblieb, wurden über 500 Geschütze zum Einbau in Panzerjäger-SFL genutzt. Für eine Version wurden Panzerfahrgestelle des Panzers P II D genutzt (Sd.Kfz. 132). Von der als Panzerselbstfahrlafette 1 bezeichneten Version wurden 201 Fahrzeuge gebaut. Für eine zweite Version wurden Fahrgestelle des tschechoslowakischen Panzers TNHP »Praga« herangezogen. Von dieser als Panzerjäger 38 (t), Sd.Kfz. 139, bezeichneten Version wurden 360 Exemplare hergestellt. Beide Modelle verstärkten die deutsche Panzerabwehr, erfüllten zum Ende des 2. WK aber nicht mehr die Anforderungen für einen Kampf mit schweren Panzern und stark gepanzerten SFL.

Rechts: Eine Panzerjäger-SFL 38 (t) mit 7,62-cm-Pak 36 (r) im U.S. Army Ordnance Museum in Aberdeen. *Foto: Archiv Schweizer*

Deutsche Panzerjäger-SFL »Marder II und III«

Nach dem Bau von Panzerjäger-SFL mit sowjetischen 7,62-cm-Beutekanonen wurden ab 1942 auf verschiedene Fahrgestelle auch Pz.-Jäger-SFL mit der deutschen 7,5-cm-Pak 39 hergestellt. Eine Version war der »Marder II« auf Pz.-Fahrgestell des Panzers P II (Sd.Kfz. 131). Das 10,8 t schwere Fahrzeug hatte die Abmaße L x B x H = 6360 x 2280 x 2200 mm. Der Geschützaufbau bestand aus 8 mm Panzerstahl. Von dieser Version sind bis Juni 1943 576 Exemplare hergestellt worden. Eine zweite Version mit 7,5-cm-Pak 40/3 wurde auf der Basis des Pz.-Fahrgestells P 38 (t), Sd. Kfz. 138, hergestellt. Diese rund 11 t schwere SFL hatte die Abmaße L x B x H = 4650 x 2350 x 2480 mm. Der Antrieb erfolgte durch einen Otto-Motor Praga AC mit einer Leistung von 150 PS. Von dieser Version sollen über 400 Exemplare hergestellt worden sein. Sie kamen auf allen Kriegsschauplätzen in Europa und in Nordafrika zum Einsatz. Letztlich wurden auch noch französische Beutefahrzeuge in Form des Lorraine-Schleppers (f), Sd. Kfz. 135, mit der 7,5-cm-Pak 40/1 genutzt. Von dieser Version wurden 170 Exemplare gefertigt.

Pz.-Jäger-SFL »Marder III«, Sd.Kfz. 138, Ausführung H.
Foto: Archiv WTS des BWB Koblenz

Pz.-Jäger-SFL »Marder II«, Sd.Kfz. 131, in Aberdeen.

Pz.-Jäger-SFL »Marder III«, zweite Version mit zurückgesetztem Geschützaufbau. U.S. Army Ordnance Museum Aberdeen. *Foto: Archiv Schweizer*

Ein Jagdpanzer »Hetzer« in der Sammlung des Panzermuseums in Munster. *Foto: Autor*

Deutscher Jagdpanzer P 38 (t) »Hetzer«

Das Fahrgestell des Jagdpanzers 38 (t) »Hetzer« (Sd.Kfz. 138/1) basiert ebenfalls auf dem schon vor dem 2. WK in der Tschechoslowakei hergestellten leichten Panzer TNHP »Praga«. 1943 wurde beschlossen, mit diesem bewährten Fahrgestell einen neuen Jagdpanzer zu konzipieren, der später den Namen »Hetzer« erhielt. Zum Einbau einer 7,5-cm-Panzerjägerkanone 39 wurde das Laufwerk verstärkt, die Spurweite vergrößert und die Motorleistung erhöht. Die Pz.-Jägerkanone mit einer Rohrlänge von 3615 mm wurde in der schrägen Front rechtsseitig mit einer Panzerblende eingebaut. Der Höhenrichtbereich betrug –8° bis +15° (Seite 24°). Mit der Pz.-Gr. 39 konnte auf 500 m eine Panzerung von 91 mm durchschlagen werden. Der mitgeführte Kampfsatz betrug 40 Gr.-Patronen. Von den in den BMW-Werken – vormals CKD – und bei SKODA gefertigten Jagdpanzern sind bis Mai 1945 2586 Exemplare hergestellt worden. Nach 1945 lieferte die Tschechoslowakei noch 158 etwas modifizierte »Hetzer« an die Schweiz.

Sowjetische SFL SU-76 und SU-76 M

Die ersten 76-mm-SFL (Index SU-15) wurden 1942 im Werk Nr. 38 hergestellt. Basisfahrzeug war das um eine Laufrolle verlängerte Fahrgestell des leichten Panzers T-70. In die oben offene SFL wurde die 76,2-mm-Kanone ZIS-3 eingebaut. Diese erste Version SU-76 hatte noch zwei Antriebsmotoren GAZ-202 an jeder Seite der Panzerwanne und war wegen der nicht synchronisierten Getriebe sehr störanfällig. Bis zum Herbst 1943 wurde die Konstruktion überarbeitet. Nunmehr wurden zwei hintereinander gekoppelte Motoren GAZ-203 mit nur einem synchronisierten Getriebe vorgesehen. Diese Version erhielt die Bezeichnung SU-76 M. Die Abmessungen der SFL betrugen L x B x H = 4966 x 2715 x 2100 mm. Die Panzerung hatte Stärken von 10 bis 35 mm. Die Höchstschussweite mit einer 6,3-kg-Spr.-Gr. betrug 8600 m (Muni-Vorrat 60 Schuss). Die SFL wurde sowohl zur Panzerbekämpfung wie auch zur Infanterieunterstützung eingesetzt. Von der Su-76 sind bis 1943 noch 579 Exemplare und von der SU-76 M bis 1945 11.934 (!) Exemplare gebaut worden. Ab Sommer 1944 wurden mit ihnen SFL-Brigaden zu je drei Regimenter mit insgesamt 60 SFL gebildet. Nach 1945 wurden große Stückzahlen an verbündete Armeen des Warschauer Vertrages wie auch an China und Nordkorea abgegeben.

Eine SU-76 M im Artilleriemuseum in St. Petersburg. *Foto: Autor*

Kanadisch-britische 25-pdr-SFL »Sexton«

Schon Anfang 1941 suchte man in Großbritannien nach einer Lösung zum Bau einer SFL unter Verwendung der bewährten 25-pdr-Kanonen-Haubitze. Eine Möglichkeit ergab sich in Kanada, wo die Montreal Locomitive Works in Sorel im Rahmen des Kriegsprogramms noch den veralteten U.S.-Panzer M3 RAM bauten. Das durchkonstruierte Fahrgestell mit seinen drei Halterungen für je zwei Lauf- und zwei Stützrollen sowie der 9-Zyl.-Sternmotor von Wright-Continental (298 kW) boten die Gewähr für eine zuverlässige Fahrbasis. Für die 25-pdr-Waffe (Kal. 87,6 mm) wurde eine spezielle Wiege mit Richtantrieben entworfen, mit der die Rohrwaffe nach der Seite links mit 25° und rechts mit 40° gerichtet werden konnte. Die ballistischen Daten entsprachen denen der Kanonen-Haubitze (s. dort). Zur Panzerbekämpfung wurden auch 18 Schuss Pz.-Gr. mitgeführt. Bis Ende 1945 wurden mit fortlaufenden Verbesserungen 2150 Exemplare hergestellt. Die SFL blieb nach 1945 bis in die 50er Jahre bei der britischen Armee im Einsatz.

Amerikanisch-britische Panzerjäger-SFL MK 2 »Achilles«

Im Rahmen des Lend-Lease-Abkommens erhielt Großbritannien auch amerikanische Panzerjäger-SFL (tank destroyer) des Typs M 10 mit 3-inch-Kanone M 7. Als Basis wurde hier das Panzerfahrgestell des U.S.-Panzers M4A2 »Sherman« genutzt. Die Ausführung MK 1 hatte einen Dieselmotor als Antrieb, während MK 2 (U.S. M10A1) mit einem Otto-Motor von Ford (500 PS) ausgerüstet war. Bei der MK 2-Version baute man anstatt der amerikanischen M7-Kanone eine modifizierte Rohrwaffe der britischen 17-pounder-Pak MK V ein. Die ballistischen Leistungen waren die gleichen wie bei der Pak. Dieser »Panzerzerstörer« erhielt den Namen »Achilles«, in der Truppe nannte man sie die »Seventeen pounder M10s«. Diese Panzerjäger blieben noch einige Jahre nach dem 2. WK im Bestand.

Eine Panzerjäger-SFL »Achilles« im Militärmuseum von Brüssel. *Foto: Touzin*

Eine SFL »Sexton« aus dem Bestand der in Großbritannien aufgestellten polnischen Panzerdivision im Militärmuseum von Warschau. *Foto: Begler*

Die gleiche SFL mit 17-pdr-Geschütz im Gelände. *Foto: Encyclopedia Weapons and Warfare*

Deutsche 8,8-cm-Pak auf Geschützwagen III/IV »Nashorn«

Mit der ab 1942 begonnenen Entwicklung einer neuen Panzerjäger-SFL wollte man die Panzerabwehr gegen die zunehmend im Masseneinsatz auftretenden sowjetischen Panzer T-34 und KV wesentlich verbessern. Der dafür abgewandelte Geschützwagen III/IV (Sd.Kfz. 164) erhielt einen leicht gepanzerten, aber oben offenen Aufbau, in dem die 8,8-cm-Pak 43 L/71 eingebaut wurde. Die anfänglich als »Hornisse« bezeichnete SFL – ab 1944 in »Nashorn« umbenannt – kam auf ein Gefechtsgewicht von rund 25 t. Mit der etwas verlängerten Wanne des Pz. IV betrugen die Abmessungen L x B x H = 6,20 x 2,95 x 2,99 m. Der Antrieb erfolgte durch einen 12-Zyl.-Maybach-Motor HL 120 TRM mit einer Leistung von 300 PS. Die Durchschlagsleistungen der Pak 43 entsprachen denen der gezogenen Version auf Radlafette (Durchschlag 185 mm/ 500 m/60°). Bis zum Ende des 2. WK sind noch 493 Exemplare hergestellt worden, jedoch konnten auch sie die erdrückende Panzerüberlegenheit der Alliierten nicht mehr kriegsentscheidend beeinflussen.

Oben: Die italienische 90-mm-Panzerabwehr-SFL 90/53 als Kriegsbeute der Alliierten. *Foto: Archiv WTS des BWB Koblenz*

Unten: Die Panzerjäger-SFL »Nashorn« mit 8,8-cm-Pak 43/1.
Foto: Archiv WTS des BWB Koblenz

Italienische 90-mm-Panzerabwehr-SFL 90/53

Nach den ersten Panzerabwehr-SFL mit 47- und 75-mm-Kanonen führte man 1942 bei der italienischen Armee eine Pz.-Abwehr-SFL mit einer 90-mm-Kanone L/53 ein. Das Fahrgestell basierte hier auf dem Panzer M14/41. Die Abmessungen betrugen L x B x H = 5220 x 2220 x 2250 mm. Die vier Laufrollen je Wagen wurden über Blattfedern abgefedert. Das Gefechtsgewicht betrug 16,2 t. Die von Ansaldo entwickelte Kanone hatte eine Höchstschussweite von 13.650 m (Vo = 826 m/s). Die nach der Kapitulation Italiens ab 1943 von der deutschen Wehrmacht übernommenen SFL wurden in Norditalien noch als Artillerie-SFL eingesetzt.

Eine 10,5-cm-Panzerhaubitze »Wespe« in der Wehrtechnischen Studiensammlung des BWB in Koblenz. Foto: Autor

Deutsche 10,5-cm-Panzerhaubitze »Wespe«

Die 10,5-cm-Panzerhaubitze »Wespe« wurde ab 1942 bei der Altmärkischen Kettenfabrik (Alkett) in Borsigwalde entwickelt. Bei der als »10,5-cm- leichte Feldhaubitze 18/2 (Sfl) auf Geschützwagen II (Sd.Kfz. 124)« bezeichneten SFL wurde die 10,5-cm-leFH 18/M auf das Fahrgestell des Kampfpanzers II in einem oben offenen Kampfraum eingebaut. Die SFL hatte die Abmaße L x B x H = 4,81 x 2,28 x 2,30 m. Das Gefechtsgewicht betrug 11,8 t. Der Antrieb erfolgte durch einen Maybach-Otto-Motor HL 62 TRM mit einer Leistung von 140 PS. Die Höchstschussweite mit der FH-Gr. Fern betrug 12.325 m. Als Kampfsatz wurden 32 Schuss mitgeführt, zur Bedienung gehörten 5 Mann. Die ersten 57 Serien-SFL wurden ab August 1943 ausgeliefert. Mit ihnen und den folgenden wurden leichte SFL-Batterien für die Panzerartillerieregimenter in den Panzerdivisionen aufgestellt. Eine Batterie verfügte über 6 SFL plus 2 Muni-Transporter. Insgesamt sind 682 SFL des Typs »Wespe« plus 159 Muni-Transporter auf gleichem Fahrgestell hergestellt worden.

Deutsche 10,5-cm-Sturmhaubitze 42

Diese Sturmhaubitze 42 (Sd.Kfz. 142/2) war eine weitere Entwicklung für die Panzerartillerie des deutschen Heeres. Das Fahrgestell entsprach dem 7,5-cm-Sturmgeschütz 40. Als Rohrwaffe wurde hier die 10,5-cm-Haubitze 18/M mit L/28-Rohr eingebaut. Die Wanne und der flache Aufbau waren mit Stärken von 30 bis 50 mm gepanzert. Die ballistischen Leistungen entsprachen denen der leFH 18/M in Radlafette (Höchstschussweite normal 10.600 m). Von dieser Sturmhaubitze wurde nur eine vergleichsweise geringe Stückzahl hergestellt. U.a. wurden sie bei der 394. StuG-Brigade eingesetzt.

Eine 10,5-cm-StuH 42 mit L/28-Rohrwaffe 18/M. Foto: Archiv der WTS des BWB Koblenz

Amerikanische 105-mm-SFL M7 »Priest«

Die SFL M7 mit Fahrgestell des Panzers M3 GRANT und 105-mm-Haubitze M2 wurde ab 1940 entwickelt. Das Versuchsfahrzeug T32 ging 1941 in die Erprobung. Nach Änderungen und dem Anbau eines Kampfstandes für ein 50-SMG Browning (12,7 mm) wurde die Serienproduktion aufgenommen. Die Abmessungen betrugen L x B x H = 6020 x 2880 x 2540 mm. Der Antrieb erfolgte durch einen luftgekühlten 9-Zyl.-Sternmotor von Continental mit einer Leistung von 375 PS (V/Straße 40 km/h). Die Höchstschussweite mit einer 12,6-kg-Spr.-Gr. betrug 10.370 m. Die M7 kam auf ein Gefechtsgewicht von 22,8 t. Die erste Lieferung erfolgte im Rahmen des Lend-Lease-Abkommens an die britische Armee in Nordafrika. Hier erhielt sie auch ihren Namen »Priest«, weil der MG-Stand an die Kanzel eines Priesters erinnerte. Ab Herbst 1942 wurden dann auch amerikanische Feldartilleriebataillone bei den U.S.-Panzerdivisionen aufgestellt. Während der Serienproduktion erfolgte noch die Umstellung auf das Fahrgestell des Panzers M4 (M7B1). Insgesamt sind von der M7 über 3000 Exemplare gefertigt worden. Nach 1945 wurden M7-SFL auch an NATO-Partner und andere Staaten abgegeben.

Die 105-mm-SFL M7 im U.S. Army Ordnance Museum in Aberdeen. *Foto: Archiv Schweizer*

Sowjetische Selbstfahrlafette SU-100

Da die bisher schon in großen Stückzahlen hergestellten 76-mm-SFL (SU-76 und SU-76M) den neuen deutschen Panzern vom Typ »Tiger« und »Panther« nur in Ausnahmefällen gefährlich werden konnten, erhielt Anfang 1943 das Werk Uralmasch in Sverdlovsk den Auftrag zur Entwicklung einer SFL mit einer 85-mm-Kanone auf der Basis des Panzerfahrgestells des T-34. Bereits im August 1943 konnten die ersten zwei SFL mit den Kanonen D-5 S und S-18 erprobt werden. Kurz darauf wurde die SFL mit der Kanone D-5 S als SU-85 in die Bewaffnung aufgenommen. Noch während die Produktion auf Hochtouren lief, unterbreitete Uralmasch selbst den Vorschlag, dieses Fahrgestell nunmehr mit einer 100-mm-Kanone D-10 S auszurüsten. Schon im Februar 1944 wurden zwei Prototypen erprobt und nach konstruktiven Änderungen das Fahrzeug im Juli 1944 als SU-100 eingeführt. Das Gefechtsgewicht dieser SFL betrug 31,6 t und die Abmessungen L x B x H = 9450 (über Wanne 6100) x 3000 x 2245 mm. Der Richtbereich der Kanone betrug in der Höhe –2° bis +17°, Seite 16°. Als Antrieb diente der T-34-Motor V-2-34 mit 500 PS Leistung (V/Straße 50 km/h). Die Höchstschussweite mit einer 15,6-kg-Spr.-Gr. betrug 15.800 m (Vo = 900 m/s). Mit einer Pz.-Gr. konnte auf 1000 m eine Panzerung von 160 mm durchschlagen werden. Nach Anlauf der Serienfertigung der Su-100 wurde die Produktion der SU-85 (2659 Exemplare) eingestellt. Von der SU-100 sind bei Uralmasch 2335 Exemplare gebaut worden. Nach dem 2. WK wurden SU-100 bei verbündeten Armeen des Warschauer Vertrages weitergenutzt.

Eine SU-100 an einem ehem. Memorialpunkt in der Tschechoslowakei. *Foto: Autor*

Sowjetische Selbstfahrlafetten ISU-122 und ISU-122 S

Die Herstellung von 122-mm-SFL begann 1942 im Werk Uralmasch in Sverdlovsk. Mit der Bezeichnung SU-122 (U-35) wurde hier auf der Basis des Panzers T-34 zuerst eine 30,9 t schwere SFL gebaut, die mit der Haubitze M-30 bewaffnet war. Von diesem Typ baute Uralmasch 640 Exemplare. Ab 1943 entwickelte man im Kirov-Werk in Tscheljabinsk eine neue 122-mm-SFL auf der Basis des Panzerfahrgestells des KV-1. Als Rohrwaffe kam jetzt die 122-Kanone A-19 obr. 1931/37 zum Einsatz. Die jetzt als ISU-122 (Objekt 242) bezeichnete SFL kam auf ein Gefechtsgewicht von rund 46 t. Die Hauptabmessungen waren L x B x H = 9850 (über Wanne 6770) x 3070 x 2480 mm. Der Antrieb erfolgte durch einen 12-Zyl.-V-Dieselmotor V-2-IS mit 520 PS Leistung (V/Straße 35 km/h). Mit der A-19-Kanone erreichte man mit einer 25-kg-Spr.-Gr. eine Höchstschussweite von 14.700 m. Ab 1944 wurde diese SFL mit der neu entwickelten 122-mm-Panzerkanone D-25 S (für Panzer IS-2) ausgerüstet und erhielt nun die Bezeichnung ISU-122 S (Objekt 249). Die neue Kanone hatte ein längeres L/48-Rohr mit einer Zweikammermündungsbremse (Vo = 781 m/s). Von beiden Typen ISU-122 und ISU-122 S wurden insgesamt 2412 Exemplare hergestellt.

Rechts: Eine ISU-152 der sowjetischen Panzerartillerie. *Foto: Gerecke*

Unten: Eine SFL ISU-122 im Artilleriemuseum von St. Petersburg. *Foto: Autor*

Sowjetische Selbstfahrlafetten SU-152 und ISU-152

Die Konstruktion und der sofortige Bau von Versuchsfahrzeugen der schweren 152-mm-SFL SU-152 begann im Januar 1943 ebenfalls im Kirov-Werk in Tscheljabinsk. Als Basisfahrzeug diente ein modifiziertes Fahrgestell des Panzers KV-1. Als Rohrwaffe wurde die der 152-mm-Kanonen-Haubitze ML-20 S vorgesehen. Schon Ende Februar 1943 wurde die erste SFL – Werks-Index KV-14 – auf dem Werksschießplatz erprobt. Nach verschiedenen konstruktiven Änderungen wurde sofort die Serienproduktion aufgenommen. Die SU-152 hatte die Abmessungen L x B x H = 8950 (über Rohr) x 3250 x 2450 mm. Als Antriebsmotor kam der V-2-K-Dieselmotor mit einer Leistung von 387 kW zum Einsatz. Die SFL hatte eine Frontpanzerung von 100 mm, Seiten 60 bis 75 mm. Das Gefechtsgewicht betrug 45,5 t. Die ML-20-Waffe erreichte mit einer 48,7-kg-Spr.-Gr. eine Höchstschussweite von 12.000 m. Der Munitionsvorrat betrug 20 Granaten und Kartuschen. Das erste Regiment mit SU-152-SFL kam schon im Sommer 1943 bei der Kursker Schlacht (deutsche Operation »Zitadelle«) zum Einsatz. Von der SU-152 sind in Tscheljabinsk 671 Exemplare gebaut worden. Mit der Produktionsaufnahme des neuen Panzers IS-1 wurde die SFL auch auf dieses Fahrgestell umgestellt. Die ersten Fahrzeuge der jetzt als ISU-152 (Objekt 241) bezeichneten SFL wurden Ende 1943 ausgeliefert. Der Kampfraum wurde hier etwas vergrößert und die Panzerung an den Seiten verstärkt (90 bis 120 mm). Von der ISU-152 sind insgesamt 2574 Exemplare hergestellt worden (100 Leningrad, 2474 Tscheljabinsk). Die ISU-152 ist nach dem 2. WK noch modernisiert worden (ISU-152 M) und auch an verbündete Armeen des Warschauer Vertrages geliefert worden.

Deutsche 15-cm- schwere Panzerhaubitze »Hummel«

Die Entwicklung einer 15-cm- schweren Panzerhaubitze als Begleitartillerie für Panzerdivisionen begann 1942 ebenfalls bei der Altmärkischen Kettenfabrik in Borsigwalde. Das als »15-cm-schwere Feldhaubitze 18/1 (Sfl) auf Geschützwagen III/IV« (Sd.Kfz. 165) bezeichnete Gerät stellte eine gelungene Kombination der 15-cm-sFH 18 mit dem vereinheitlichten Fahrgestell der Panzer III und IV dar (gleicher Geschützwagen wie SFL »Nashorn«). Die in einem gepanzerten, oben offenen Kampfraum eingebaute Haubitze hatte einen Höhenrichtbereich von –3° bis +42° (je Seite 15°). Der Antrieb der SFL mit 8 Lauf- und 4 Stützrollen erfolgte durch einen 12-Zyl.-Otto-Motor HL-120 von Maybach (Leistung 197,6 kW). Die Höchstschussweite mit einer 43,5-kg-Spr.-Gr. 19 betrug 12.250 m (Vo = 520 m/s). Der Munitionsvorrat betrug 18 Schuss. Die ersten Serien-SFL wurden im Juni 1943 ausgeliefert. Eine Batterie bestand in der Regel aus 6 SFL und zwei Munitionsfahrzeugen. Ein erster größerer Einsatz erfolgte 1943 während der Operation »Zitadelle« im Kursker Bogen. Von der als HUMMEL bezeichneten SFL – der Suggestivname entfiel ab 1944 – wurden bis März 1945 713 Exemplare plus 157 Muni-Fahrzeuge auf gleichem Fahrgestell gebaut.

Eine Panzerhaubitze »Hummel« als Kriegsbeute der Alliierten. *Foto: Archiv WTS des BWB Koblenz*

Deutscher Sturmpanzer IV »Brummbär«

Nach bisherigen Improvisationen, bei denen das 15-cm-sIG 33 auf verschiedene Fahrgestelle aufgesetzt wurde – u.a. SFL »Bison« und »Grille« –, begann Ende 1942 die Entwicklung eines neuen Sturmpanzers zur Infanterieunterstützung auf der Basis des Fahrgestells Panzer IV. In dem von Alkett entwickelten StuPa (Sd.Kfz. 166) wurde eine von SKODA hergestellte 15-cm-Sturmhaubitze 43 L/12 eingebaut. Verschossen wurden 38 kg schwere Spr.-Gr. Die Abmessungen dieses Fahrzeuges betrugen L x B x H = 5930 x 2880 (mit Schürzen 3290) x 2520 mm. Als Antrieb für die 28,2 t schwere SFL kam der Maybach-Motor HL 120 mit 265 PS Leistung zum Einbau (V/Straße 40 km/h). Bis Mai 1943 wurden 60 StuPa ausgeliefert. Im gleichen Zeitraum wurde die erste Sturmpanzerabteilung 216 mit 45 StuPa aufgestellt und nach der Ausbildung der Besatzungen für den Einsatz bei der Operation »Zitadelle« (Kursker Bogen) an die Ostfront verlegt. Insgesamt wurden 306 Exemplare dieses StuPa IV hergestellt. Einsätze erfolgten auch noch in Italien und in Frankreich.

Ein leicht beschädigter Sturmpanzer »Brummbär«. Beachte die 100 mm starke Frontpanzerung des Kampfraumes. *Foto: Archiv WTS des BWB Koblenz*

15-cm- schwere Panzerhaubitze HUMMEL (Sd.Kfz. 165)

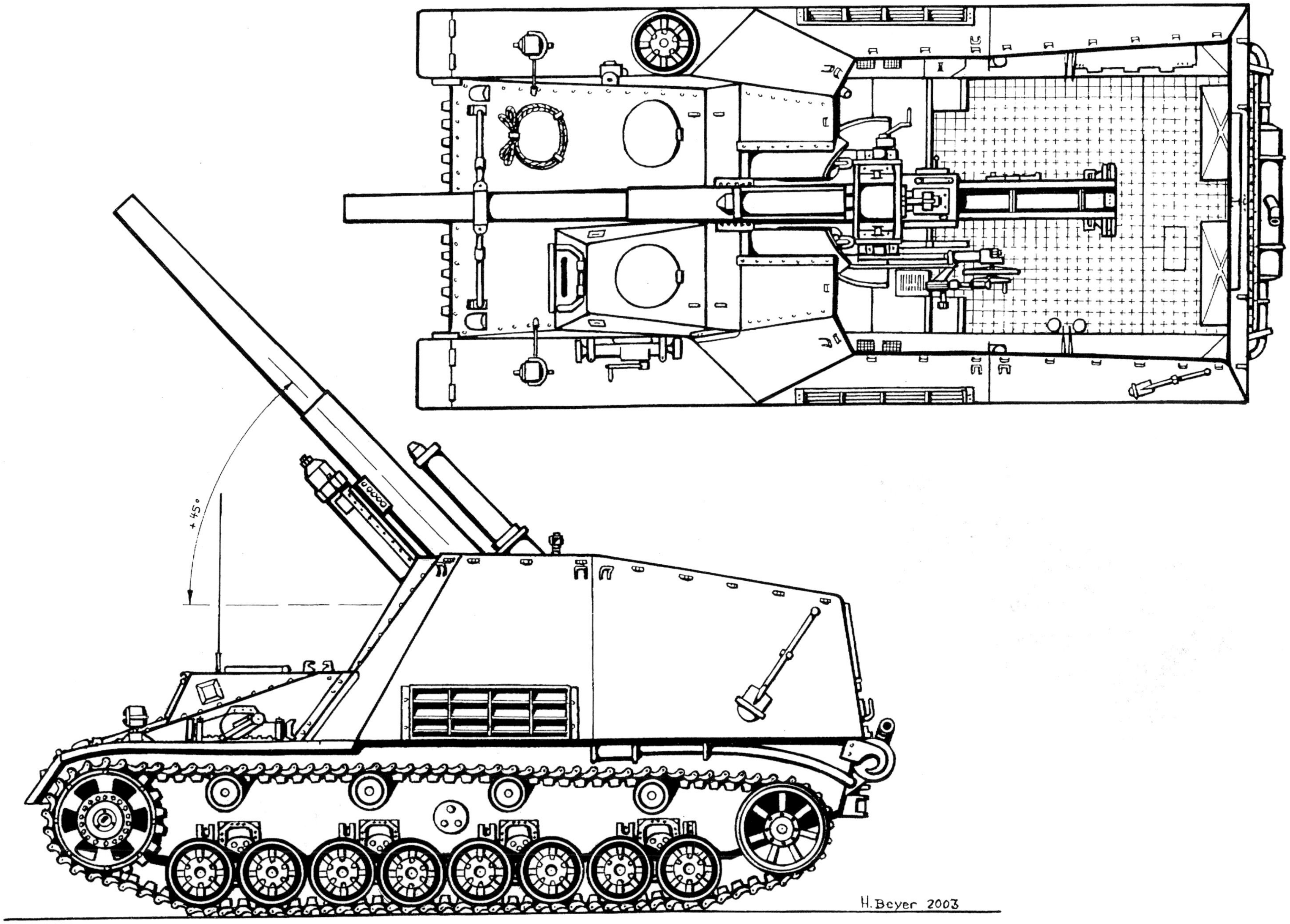

Deutscher Jagdpanzer »Ferdinand/Elefant«

Die Basis dieses schweren Jagdpanzers bildeten 95 bis Ende 1942 hergestellte Fahrgestelle (VK 4501 [P]) des von Ferdinand Porsche entwickelten Panzers »Tiger« (P), der jedoch nicht in die Bewaffnung aufgenommen wurde. Eine Besonderheit dieses Sd. Kfz. 184 war sein elektrischer Antrieb mittels zweier Otto-E.-Generatorenaggregate und zweier E-Fahrmotoren. In den stark gepanzerten Aufbau – Front 200 mm, Wände 80 mm – wurde die 8,8-cm-Pak 43/2 L/71 eingebaut. Mit der 10,2-kg-Pz.-Gr. 39/1 erreichte das Geschütz eine Durchschlagsleistung von 185 mm/500 m/60°. Der Kampfsatz betrug 50 Gr.-Patronen. Eine größere Anzahl dieser Jagdpanzer wurde erstmalig im Juli 1943 in der Kursker Schlacht (Operation »Zitadelle«) eingesetzt. Rund 40 Fahrzeuge gingen hier durch Gegnereinwirkung oder technische Defekte verloren. Die zurückgeführten Fahrzeuge wurden generalüberholt, ihre Panzerung nochmals verstärkt und ein MG eingebaut. Das mit einem Gefechtsgewicht von 68 t recht schwerfällige Fahrzeug war im Nahkampf durch gut getarnte Pak-Geschütze leicht verwundbar, auf große Entfernungen war es jedoch »ein höchst gefährlicher Gegner für Panzer« (Shmeljov).

Oben: Die schwere Panzerjäger-SFL »Elefant« mit 8,8-cm-Pak 43/2 (hier leicht ramponiert als Beutefahrzeug). *Foto: Archiv Touzin*

Amerikanische 155-mm-SFL M12

Die zweite SFL, die im Rahmen des amerikanischen Beschaffungsprogramms von 1941 entwickelt wurde, war die 155-mm-SFL M12. Hierbei wurde die in der Produktion befindliche 155-mm-Rohrwaffe der Kanone GPF M1918A1 und das Fahrgestell des mittleren Panzers M3 GRANT genutzt. Ein Prototyp einschließlich eines auf dem gleichen Fahrgestell basierenden Munitionstransporters M30 wurde bereits 1941 vom U.S. Army Rock Island Arsenal hergestellt. Nach Schieß- und Fahrerprobungen wurde die SFL im März 1942 offiziell eingeführt. Für die U.S.-Armee wurde eine Serie von 100 SFL plus 100 Muni-Transporter M30 in Auftrag gegeben. Die Auslieferung erfolgte bis März 1943. Die oben offene SFL hatte einen Richtbereich von –5° bis +30° (Seite 14°). Die max. Schussweite mit einer 47,7-kg-Spr.-Gr. und Superladung betrug 17.000 m. Das Gefechtsgewicht betrug rund 25 t. Einige SFL – sie erhielten den Spitznamen »King Kong« – wurden 1943 in Nordafrika eingesetzt, die meisten verblieben vorerst jedoch in den Depots. Erst mit der Vorbereitung der Landung in Nordfrankreich wurden sechs SFL-Bataillone aufgestellt und die Bedienungen ausgebildet. Alle Bataillone landeten nach dem »D-Day« an und waren bis 1945 bei den U.S.-Panzerdivisionen im Einsatz. Da zwischenzeitlich neue 155-mm-SFL entwickelt wurden, gingen die M12 nach dem Krieg nur noch kurzzeitig in die Reserve.

Unten: Die 155-mm-SFL M12 mit Fahrgestell des Panzers M3. *Foto: U.S. Field Artillery Journal*

Deutscher 2-cm-Flakvierling auf Geschützwagen IV

Zum Einsatz von leichten Flakgeschützen auf Selbstfahrlafetten wurden verschiedene Varianten mit 2- und 3,7-cm-Flak entwickelt. Für den 2-cm-Flakvierling 38 nutzte man u.a. auch das Fahrgestell des Panzers IV, bei dem der Vierling flach aufgesetzt wurde und die Bedienung außer durch das Schutzschild durch hochklappbare Seiten und Vorder-/Rückwände leidlich geschützt war. Für den Erdkampf mussten diese Wände jedoch abgeklappt werden (s. Abb.). Wegen des hohen Aufzugs nannte man diese Fla-SFL auch »Möbelwagen«. Das Gefechtsgewicht betrug rund 25 t. Eine Weiterentwicklung stellte der Flakpanzer »Wirbelwind« dar, bei dem auf gleichem Fahrgestell der 2-cm-Vierling in einem

Der 2-cm-Vierling 38 auf Geschützwagen IV mit abgeklappten Seitenwänden. *Foto: Archiv WTS des BWB Koblenz*

leicht gepanzerten, um 360° drehbaren Turm eingebaut war. Generell sah man den Aufbau von leichten Fla-Geschützen auf Panzerfahrgestelle jedoch als zu kostspielig an. Zunehmend wurden dafür Halbketten-Zugkraftwagen, teilweise in gepanzerter Ausführung, herangezogen.

Deutsche 8,8-cm-Flak 41 auf Versuchsfahrgestell

Da bereits vor Ausbruch des 2. WK abzusehen war, dass die 8,8-cm-Flakgeschütze 18, 36 und 37 nur bedingt den Anforderungen einer effektiven Luftabwehr entsprechen, wurde bereits 1939 mit der Entwicklung einer leistungsfähigeren 8,8-cm-Flak bei Rheinmetall-Borsig begonnen. U.a. wurde das Rohr auf 6548 mm verlängert und die Wiege weit hinten gelagert, sodas sich ein max. Höhenrichtwinkel von 90° ergab. Mit verbesserter Munition, Spl.-Spr.-Gr. jetzt 19,2 kg, erreichte diese Flak eine max. Schusshöhe von 14.700 m (Vo = 1000 m/s). Als Normalausführung war wieder eine Kreuzlafette vorgesehen, zum Fahren der Sonderanhänger 202. Bei der hier gezeigten Variante auf einem Versuchsfahrgestell (Gerät 42) wurde die Möglichkeit der Einführung einer Panzer-Flak untersucht, die zugleich auch für eine Panzerbekämpfung eingesetzt werden sollte (Versuchsfahrzeug auch mit 8,8-cm-Flak 37). Es gab nur Versuchsexemplare, letztlich erwies sich die Einführung von Panzerjäger-SFL mit 8,8-cm-Pak 43 als wesentlich effektiver.

Das gleiche Fahrzeug mit abgeklappten Seitenwänden.
Fotos: Archiv WTS des BWB Koblenz

Die 8,8-cm-Flak 41 auf Versuchsfahrzeug in Fahrstellung.

Geschosswerfer der Raketenartillerie

Sowjetischer Geschosswerfer BM-13-16

Die Entwicklung von Raketen für einen militärischen Einsatz in der Roten Armee erfolgte bereits ab 1920 im so genannten »Gasdynamischen Laboratorium«. Nach unzähligen Versuchen und Erprobungen standen ab 1938 einsatzfähige Raketen mit einem Kaliber von 82 mm (M-8) und 132 mm (M-13) zur Verfügung. 1939 erfolgten Erprobungen mit verschiedenen Starteinrichtungen, und ab Juni 1941 gingen die ersten Werferfahrzeuge in Serie. Die in der Sowjetarmee als »Katjuscha« bezeichneten Startsysteme – deutscher Landserspitzname »Stalinorgel« – wurden sowohl auf verschiedene LKW-Typen wie auch auf leichten Panzern, Traktoren und Flusskanonenbooten montiert. Genutzt wurden auch eine große Anzahl der im Rahmen des Lend-Lease-Abkommens von den USA gelieferten LKW-Typen »Studebaker US 6«. Mit den hier gezeigten Geschosswerfern BM-13-16 konnten 16 Raketen mit einem Kaliber von 132 mm in 7 bis 10 Sekunden gestartet werden. Die 1416 mm langen Raketen hatten einen 18,5 kg schweren Sprengkopf mit einer Sprengladung von 4,6 kg. Die Höchstschussweite betrug bei diesen Werfern 8470 m (wurde später gesteigert). Ein erster Gefechtseinsatz erfolgte Ende Juni 1941 im Rahmen einer experimentellen Batterie mit 7 Werfern unter dem Kommando von Hauptmann Ivan Fljorov. Bis zum Ende des 2. WK sind insgesamt ca. 12.200 Geschosswerfer unterschiedlicher Typen hergestellt worden. In Regimentern und Brigaden eingesetzt, waren sie eine wesentliche Kampfkomponente der sowjetischen Artillerie im 2. WK.

Oben: Der gleiche Geschosswerfer auf U.S.-LKW »Studebaker« US 6-U2. *Fotos: Gerecke*

Links: Der am meisten verbreitete Geschosswerfer BM-13-16, hier auf LKW ZIS-6.

Sowjetischer Geschosswerfer BM-13-16 auf LKW ZIS-151

Zeichnung: Ralf Swoboda

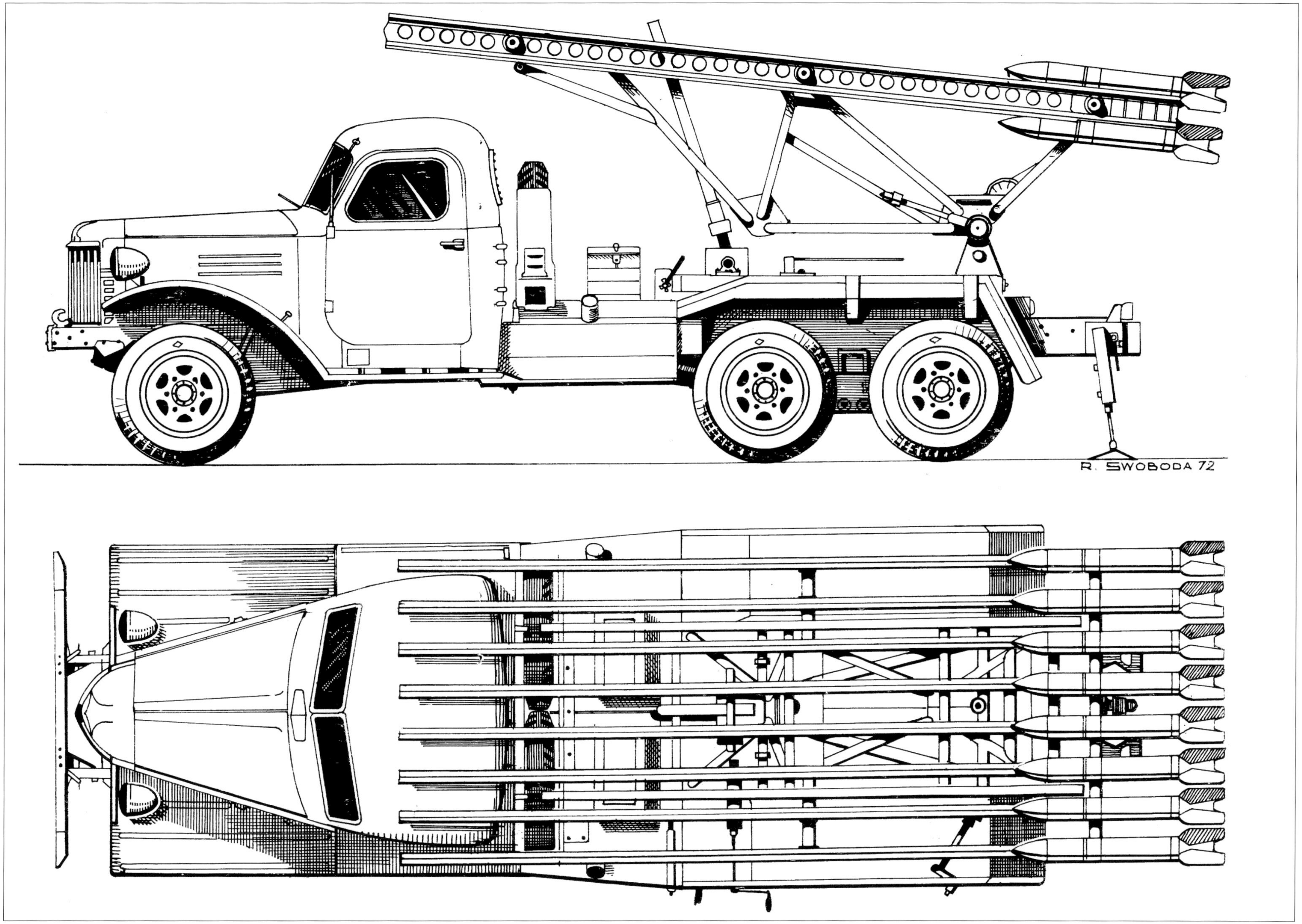

Ein Geschosswerfer BM-13-12 auf ZIS-5 in der Sammlung auf den Sapun-Höhen in Sevastopol. Beachte: Bei diesem Fahrzeug fehlt die letzte Hinterachse.

Foto: Autor

Sowjetischer Geschosswerfer BM-31-12

Um die Wirkung im Zielgebiet wesentlich zu erhöhen, wurden in der Sowjetunion Raketen mit größerem Kaliber entwickelt. 1942 kam eine Rakete M-30 zum Einsatz, die aus Werferrahmen gestartet wurde. Ihre Reichweite befriedigte jedoch nicht. Erst die ab Ende 1942 zur Verfügung stehende Rakete M-31 gewährleistete eine max. Schussweite von 4.300 m. Das Kaliber war jetzt 300 mm (Kopfteil), und im 52-kg-Sprengkopf waren 11,3 kg Sprengstoff eingesetzt. Für diese Rakete wurde ein Startgerüst mit 12 Ladebahnen entwickelt, welches auf die LKW-Typen ZIS-5 und ZIS-6 und auf »Studebaker« aufgesetzt wurde. Das Startgerüst konnte in der Höhe von +10° bis +48° gerichtet werden (je Seite 10°). Um die relativ große Streuung aller bisherigen Raketen mit Flügelstabilisierung zu verringern, wurden neue Typen mit gleichem Kaliber entwickelt, die jedoch durch schräge Gasdüsen drallstabilisiert wurden. Die nun als M-13 UK und M-31 UK bezeichneten Raketen kamen ab April 1944 an die Front.

Deutscher 15-cm-Nebelwerfer 41

Der in großen Stückzahlen hergestellte 15-cm-NbW 41 war bis 1945 ein Standardwerfer der deutschen Werfertruppe. Auf Einachs-Spreizlafette konnte das 6-Rohrbündel in der Höhe von –5° bis +45° gerichtet werden (Seite 24°). Ungeladen wog der Werfer in der Feuerstellung 590 kg (geladen 770 kg). Die Startrohre hatten eine Länge von 1300 mm. Die max. Reichweite mit 34,5-kg-Spr.-Werferraketen betrug 6900 m. Mit elektrischer Zündung konnten 6 Raketen in 10 Sekunden gestartet werden (3 Salven zu je 6 Raketen in 5 Minuten). Als Zugkraftwagen wurden anfänglich 1 t ZgKw (Sd.Kfz. 10/1) oder 3 t ZgKw (Sd.Kfz. 11/5) genutzt, später wurde jeder verfügbare LKW als Zugmittel eingesetzt.

Rechts: Ein 15-cm-NeW 41 im Bestand des Armeemuseums in Dresden (heute Militärhistorisches Museum der Bundeswehr).

Unten: Rückansicht des Werfers. Wehrtechnische Studiensammlung des BWB in Koblenz.

Fotos: Autor

Deutscher 15-cm-Raketenwerfer

Einen weniger bekannten Raketenwerfer mit 15 Startrohren für 15-cm-Spr.-Wurfgranate 41 kann man heute im Artilleriemuseum in St. Petersburg besichtigen. Die Reichweite dürfte mit rund 6900 m die gleiche sein wie beim 15-cm-NeW 41. Allerdings konnten hier mit einer Salve 15 Raketen gestartet werden. Da dieser Werfer in der Standardliteratur kaum erwähnt wird, dürften nur relativ wenige Exemplare gebaut worden sein.

Deutscher 15-cm-Panzerwerfer 42 »Maultier«

Von den bei Opel ab 1942 hergestellten 2-Tonnen-Gleisketten-LKW »Maultier« wurden einige auch in leicht gepanzerter Ausführung zum Aufbau eines 15-cm-Raketenwerfers gefertigt. Der auf dem hinteren Teil aufgebaute Werfer hatte 2 x 5 Startrohre übereinander und konnte um 360° geschwenkt werden. Verschossen wurden die gleichen 158,5-mm-Raketen wie beim 15-cm-NeW 41 (Reichweite ebenfalls 6900 m). Das rund 3 Tonnen wiegende Fahrzeug wurde als »Panzerwerfer« bezeichnet und erhielt die Tarnnummer Sd.Kfz. 4/1.

Oben: Ein 15-cm-Werfer vom »Maultier« in der Wehrtechnischen Studiensammlung des BWB in Koblenz. *Foto: Autor*

Links oben: Ein deutscher 15-cm-Werfer mit 15 Startrohren im Artilleriemuseum von St. Petersburg. *Foto: Autor*

Links unten: Der 15-cm-Panzerwerfer »Maultier«. *Foto: Archiv WTS des BWB Koblenz*

Deutscher 21-cm-Nebelwerfer 42

Um auch bei den deutschen Werfern die Wirkung im Zielgebiet zu erhöhen, wurde noch während der Einführung der 15-cm-NeW 41 eine neue Version mit fünf Startrohren für 21-cm-Spr.-Raketen entwickelt. Mit einem ähnlichen Fahrgestell wie beim 15-cm-Werfer wog der 21-cm-Werfer in Fahrstellung 605 kg, geladen in Feuerstellung 1100 kg. Auch hier konnte zur Stabilisierung beim Schießen vorne eine Stützplatte abgeklappt werden. Die max. Reichweite mit einer 112,6-kg-Spr.-Rakete betrug hier 7850 m. Die Erprobungen erfolgten 1942, erste Werferabteilungen mit diesem Werfer wurden 1943 aufgestellt.

Deutscher 30-cm-Raketenwerfer 56

Neben verschiedenen Typen von Nebelwerfern (28/32-cm-NeW 41, 30-cm-NeW 42) und schweren Wurfgestellen wurde ab 1944 auch ein von der Maschinen-Fabrik Donauwörth hergestellter 30-cm-Raketenwerfer eingeführt. Wie auch bei einigen anderen Werfern konnten hier sowohl 303-mm-Werfergeschosse wie auch 159-mm-Geschosse gestartet werden. Bei 15-cm-Raketen wurden Schienenadapter in die Startkonstruktion eingesteckt. Die Reichweite mit 30-cm-Raketen (127 kg) betrug hier 4550, mit 15-cm-Raketen (34,15 kg) 6900 m. In Feuerstellung leer wog dieser Werfer 1004 kg, beladen mit 30-cm-Raketen 1735 kg. Eine Salve mit 6 Raketen wurde in 10 Sekunden gestartet (2 Salven in 5 Minuten).

Ein 21-cm-NeW 42 mit Stahlscheibenrädern und Gummibelag im Armeemuseum in Dresden (heute Militärhistorisches Museum der Bundeswehr). *Foto: Autor*

Ein 30-cm-Raketenwerfer 56 in der Sammlung des U.S. Army Ordnance Museums in Aberdeen.
Foto: Archiv Schweizer

Deutsches 28/32-cm-schweres Wurfgerät 41 auf Schlepper Renault

Neben den fahrbaren Raketenwerfern wurden auch eine Reihe von verschiedenen Wurfgeräten bzw. Wurfrahmen entwickelt, aus denen meist im Viererpack Raketengeschosse gestartet werden konnten. Einige dieser Wurfgeräte wurden auch auf bzw. an motorisierte Fahrzeuge angebracht, sodass eine Art von Selbstfahrlafetten mit Geschosswerfer entstand (z.B. Sd.Kfz. 250/251). Diese von den deutschen Landsern auch »Stuka zu Fuß« genannten Wurfgeräte waren teilweise aus Holz oder wie Wurfgerät 41 aus Metallrahmen zusammengebaut. Zur Motorisierung nutzte man u.a. auch französische Beutefahrzeuge wie den Infanterieschlepper UE von Renault. Aus dem aufmontierten 4-fach-Werfer konnten 28-cm oder 32-cm-Raketen gestartet werden. Die Reichweite mit 28-cm-Raketen betrug 1925 m, mit 32-cm-Raketen 2200 m. In dieser Renault-Variante sind nur wenige Fahrzeuge ausgerüstet worden.

Ein Renault-Schlepper UE 603 (f) mit Wurfgerät 41 im Militärhistorischen Museum der Bundeswehr in Dresden. *Foto: Autor*

Amerikanischer 4.5-inch-Raketenstarter T 34

Für die U.S.-Streitkräfte wurden ab 1940 ebenfalls verschiedene Starter für ungelenkte »Feldartillerieraketen« entwickelt. Als eine Art Standardrakete kamen 4.5-inch-Raketen (114,3 mm) mit Drallstabilisierung (Düsen) und Stabilisierungsflossen zum Einsatz. Der hier gezeigte 60-fach-Rohrstarter T 34 auf Panzer M4 war eines der am meisten eingesetzten Systeme. Mit der 19,2-kg-Rakete mit Drallstabilisierung wurde eine Reichweite von 4700 m erreicht. Bemerkenswert: Der Werfer konnte nach einem Feuerschlag leicht abgeworfen werden, sodass die Panzer unbehindert an weiteren Angriffen teilnehmen konnten. Vom T 34-Werfer sind »nur« 850 Exemplare hergestellt worden. Für 4.5-inch-Raketen kamen auch noch stationäre Wurfgestelle T27, 24-fach-Rohrstarter T 66 auf Einachsfahrgestell und Werferrahmen auf Amphibienfahrzeuge (U.S. Marine Corps) zum Einsatz.

Ein U.S.-Panzer M4 mit Raketenstarter T 34 beim Einsatz in Frankreich Ende 1944. *Foto: Standard Guide Tanks & Artillery*

Artilleriegeschütze und Geschosswerfer von 1945 bis 2004

Moderne Geschütze der Feldartillerie

Tschechoslowakische 85-mm-Kanone K 52

Die 85-mm-Kanone K 52 war eine Eigenentwicklung der tschechoslowakischen Waffenindustrie nach 1945. Außer in der tschechoslowakischen Armee wurde die Kanone ab 1960 auch bei Armeen des Warschauer Vertrages eingeführt. Die Kanone hatte ein Massivrohr mit einer Länge von 2895 mm, Mündungsbremse und einen halbautomatischen Fallkeilverschluss. In der Feuerstellung wog das Geschütz 1850 kg (Marschlage 1900 kg). Der Höhenrichtbereich ging von –6° bis +38° (Seite 60°). Mit einer 9,5-kg-Spr.-Gr. wurde eine Höchstschussweite von 16.160 m erzielt. Zur Panzerbekämpfung stand eine 9,2-kg-Pz.-Gr. zur Verfügung (Vo = 820 m/s). Das Geschütz hatte eine Drehstabfederung und konnte auf der Straße mit 50 km/h gefahren werden.

Französische 105-mm-Haubitze Mle 1950

Als Ersatz für die nach dem 2. WK auch bei der französischen Armee eingesetzten amerikanischen 105-mm-Haubitzen M 101 wurde bereits Ende der 40er Jahre eine eigene 105-mm-Haubitze auf moderner Dreibeinlafette entwickelt. Mit dem in der Feuerstellung 2,7 t schweren Geschütz war Rundumfeuer möglich. Die Höchstschussweite mit einer 16-kg-Spr.-Gr. betrug 14.000 m. Als Feuergeschwindigkeit wurden 10 S/Min. erreicht.

Eine 85-mm-Kanone K 52 aus dem Bestand der ehem. NVA im Armeemuseum in Dresden. Foto: Autor

Die 105-mm-Haubitze Mle 1950 auf Dreibeinlafette in Feuerstellung. Foto: Touzin

Amerikanisch-deutsche 105-mm-Feldhaubitze M2A1/A2 (L.)

Zur Erstausstattung der Feldartillerie der Bundeswehr gehörten u.a. auch amerikanische 105-mm-Haubitzen M 101A1. Um diese bewährten Geschütze noch längere Zeit nutzen zu können, wurden sie im Rahmen eines Programms bei der Firma Rheinmetall modernisiert und umgerüstet. U.a. erhielten sie ein neues, verlängertes L/29,6-Rohr mit einer wirkungsvollen Mündungsbremse. Die Schussweite mit verbesserter NATO-Standardmunition konnte auf 14.000 m erhöht werden (Vo = 600 m/s). Auch die Zieleinrichtungen wurden erneuert. Nach Herauslösung aus den Artillerieregimentern der Divisionen wurden diese Geschütze bei Artilleriebataillonen der Heimatschutzbrigaden weitergenutzt.

Schweizer 10,5-cm-Haubitze 1946/91 L/30

Die 10,5-cm-Haubitze wurde bei der Eidgenössischen Konstruktionswerkstätte in Thun entwickelt (heute RUAG Land Systems). Das in der Feuerstellung 2245 kg schwere Geschütz auf Spreizlafette war sowohl bei der Feldartillerie (mot.) wie auch auf Festungen im Einsatz. Das mit Bodenstück und Mündungsbremse 3710 mm lange Rohr konnte in der Höhe von –5° bis +67° gerichtet werden (Seite 26° bzw. 36°). Zum Schießen standen sechs Treibladungen zur Verfügung. Die max. Schussweite betrug 14.000 m, zur Bedienung gehörten 7 Mann.

Oben: Eine leistungsgesteigerte 105-mm-Haubitze in der firmeneigenen Studiensammlung von Rheinmetall.

Foto: Autor

Unten: Die Schweizer 10,5-cm-Haubitze in der Lehrsammlung der Artillerieschule in Idar-Oberstein.

Foto: Autor

Amerikanische 105-mm-Leichthaubitze M 102

Ab 1960 ließ das U.S. Ordnance Department ein neues 105-mm-Leichtgeschütz entwickeln, welches zur Ausrüstung der Luftlande- und Fallschirmjägerdivisionen vorgesehen war. Die Einführung des nur 1350 kg schweren Geschützes erfolgte ab 1964. Das Rohr mit Mündungsbremse, Rohrbremse und Vorholer ist in eine Leichtbau-Lafette mit geschwungenem Kastenholm aus Leichtmetall eingelegt. Der Höhenrichtbereich beträgt –5° bis +75°. Zum Schießen wird das Geschütz auf eine Stützplattform abgesenkt, die sich unter der Fahrachse befindet. Als Höchstschussweite mit einer 12,9-kg-Spr.-Gr. werden 13.700 m erzielt (Vo = 610 m/s). Die Feuergeschwindigkeit beträgt 4 bis 6 S/Min. Die Haubitze verfeuert die gleiche Munition wie bei der M 101A1.

Chinesische 122-mm-Haubitze Typ 54

In der Volksrepublik China wurden nach 1945 verschiedene sowjetische Geschütztypen auf der Grundlage von Verträgen nachgebaut. Ein Beispiel ist die bekannte 122-mm-Haubitze M-30. Die angegebenen technischen und ballistischen Daten entsprechen genau denen der M-30 (Höchstschussweite 11.800 m). Die Haubitze ist mit dem Emblem der chinesischen Marine-Küstenartillerie versehen.

Oben: Chinesische 122-mm-Haubitze Typ 54 im Minsk World Park in Yan tian.
Foto: H. J. Mehl, 2003

Links oben: Das 105-mm-Leichtgeschütz M 102 im U.S. Army Ordnance Museum in Aberdeen.

Links unten: Rückansicht des Leichtgeschützes. *Fotos: Archiv Schweizer*

Sowjetische 122-mm-Haubitze D-30 und D-30 A

Die Entwurfsarbeiten für eine neue 122-mm-Haubitze (ursprünglich D-72) begannen im Rahmen eines Dupleks-Programms bereits Anfang der 50er Jahre im Konstruktionsbüro Nr. 9 unter Leitung des bekannten Konstrukteurs F.F. Petrov. Abweichend von früheren Haubitzen dieses Kalibers wurde die L/40-Rohrwaffe mit Schlitzbremse auf eine moderne Lafette mit drei Spreizholmen gesetzt. Zum Schießen wird das Geschütz auf die Holme abgesetzt, die Räder hochgestellt und unter der Lafette noch ein Erdsporn abgesenkt. Das ergibt nicht nur ein Rundumfeuersektor von 360°, sondern auch eine sehr niedrige Silhouette. Das Rohr mit Schlitzbremse und Fallkeilverschluss hat eine Länge von 4875 mm. Verschossen werden verschiedene Munitionsarten. Mit einer 21,7 kg schweren Sprenggranate wird eine max. Schussweite von 15.450 m erzielt. Eine weiter verbesserte Version mit Zweikammer-Mündungsbremse erhielt die Bezeichnung D-30 A. Die D-30 wurde auch an fast alle Armeen des Warschauer Vertrages sowie an Entwicklungsländer geliefert. Die NVA der DDR hatte 395 Haubitzen dieses Typs im Bestand. Auch die Nordallianz in Afghanistan setzte dieses Geschütz beim Kampf gegen die Taliban ein.

Eine sowjetische Geschützbedienung bei der Ausbildung an der 122-mm-Haubitze D-30.
Foto: Armeemuseum der DDR

Die Haubitze D-30 in Marschlage.
Foto: Archiv Kunath

Die 105-mm-Gebirgshaubitze M 56 im Einsatz bei der Bundeswehr. *Foto: Kiesel, BMVg, 4/1994*

Italienische 105-mm-Gebirgshaubitze M 56

Die 105-mm- Haubitze von OTO Melara ist eine der wenigen Gebirgsgeschütze, die nach dem 2. WK neu entwickelt wurden. Sie wurde ab 1957 an fast alle NATO-Partner geliefert und hier auch bei Luftlande- und Fallschirmjägereinheiten eingesetzt. Das 1273 kg schwere Geschütz kann in 12 Traglasten zerlegt werden. Die Feuerhöhe für Haubitzeinsatz oder Panzerkampf kann mittels verstellbarer Achsen geändert werden. Das L/14-Rohr mit Mündungsbremse hat einen Höhenrichtbereich von –7° bis +65° (Seite 36 bzw. 56°). Die Höchstschussweite mit einer 14,97-kg-Spr.-Gr. beträgt 11.100 m. Für eine Panzerbekämpfung stehen auch Hohlladungsgranaten zur Verfügung. Neben Tragtiertransport wurde für mot. Zug auch der LKW Unimog U 34/411 eingesetzt. (siehe Bild S. 122)

Details der sowjetischen 152-mm-Kanone 2A36 »Giatsint-B« (Beschreibung siehe S. 136).
Foto: Touzin

Chinesische 152-mm-Haubitze Typ 66, ein Nachbau der sowjetischen D-20. Das Geschütz trägt die Kennzeichnung der chinesischen Marine-Küstenartillerie. Ausstellung »Minsk World« in Yan tian. *Foto: H. J. Mehl*

Sowjetische 152-mm- SFL 2S3 M im Bestand der ehem. NVA.
Foto: Sammlung Krenz

Oben: Tschechoslowakische 152-mm-SFL DANA. (Beschreibung siehe S. 161)
Foto: Jochen Vollert Archives

Links: Sowjetische 152-mm-SFL 2S19 »MSTA-S« (Objekt 316). *Foto: Touzin*

Deutscher Flakpanzer »Gepard« mit 2 x 35-mm-Oerlikon-Waffen. *Foto: Krauss-Maffei Wegmann*

Deutscher Flakpanzer 1 A2 »Gepard«

Zum Ersatz des noch bis 1979 bei der Bundeswehr genutzten amerikanischen Flakpanzers M 42 wurde ab 1965 ein neuer FlakPz mit Funkmess-Waffenleitanlage entwickelt. Bei dem als »Gepard« bezeichneten Fahrzeug nutzte man das Fahrwerk des deutschen Panzers »Leopard 1«. Als Fla-Waffen wurden zwei automatische 35-mm-Kanonen KDAL/R04 von Oerlikon an den Außenseiten des um 360° schwenkbaren Turms angebaut. Die am hinteren Teil abklappbare Antenne des Suchradars stammt von Hollandse SA, wogegen das vorne am Turm installierte Zielfolgeradar von Siemens-Albis entwickelt wurde. Die Auffassungsreichweite des Suchradars beträgt 15 km. Als Feuergeschwindigkeit erreicht jede Waffe 550 S/Min. (Bordvorrat 640 Schuss). Die automatische Feuereröffnung erfolgt ca. 6 Sekunden nach Zielauffassung auf einer effektiven Schussentfernung von 3500 m. Der 47,3 t schwere »Gepard« kann auf der Straße mit 65 km/h gefahren werden (Fahrstrecke 530 km). Der Hauptthersteller Krauss-Maffei Wegmann lieferte bis Oktober 1980 420 Fla-Pz für die Bundeswehr, 55 für Belgien und 95 für die Niederlande. Ab 1988 erfolgte eine Modernisierung mit anschließenden Maßnahmen zur Nutzungsverlängerung (siehe Bild S. 125).

Deutsche Panzerhaubitze 2000 im Ausbildungsgelände der Artillerieschule in Idar-Oberstein. *Foto: Modes, BMVg*

Die Rad-SFL G6 »Rhino« mit L/45-Rohr im Südafrikanischen Nationalmuseum für Militärgeschichte.
Foto: SA National Museum of Military History

Südafrikanische 155-mm-SFL G6 »Rhino«

Die in Südafrika als GV 6 entwickelte Rad-SFL ist mit einer modifizierten Rohrwaffe der 155-mm-Kanone G5 im Drehturm ausgerüstet. Das leicht gepanzerte 6 x 6-Fahrzeug kommt auf ein Gefechtsgewicht von rund 47 t. Die Abmessungen L x B x H betragen 9,20 (mit Rohr) x 3,40 x 3,30 m. Der Antrieb erfolgt durch einen Dieselmotor mit 391 kW Leistung (525 PS). Auf der Straße kann die SFL mit 90 km/h (!) gefahren werden (Fahrstrecke 700 km). Die SFL kann mit einem L/45- oder L/52-Rohr mit Mündungsbremse und Rauchabsorber ausgerüstet werden. Die Höchstschussweite mit spezieller Munition liegt wie bei der G5-Kanone bei 30 km. Zur Stabilisierung werden beim Schießen unter dem Fahrzeug Stützen ausgeklappt. Zu einer Batterie gehören in der Regel auch Munitionstransporter auf LKW-Basis.

Französische 155-mm-Rad-SFL »Caesar« mit L/52-Rohr (Prototyp von GIAT Industries). *Foto: Touzin, 6/2002*

155-mm-Feldhaubitze 70 der Bundeswehr beim Übungsschießen. *Foto: Schweikard*

Modernisierte Panzerhaubitze M 109 A3 G mit größter Rohrerhöhung. *Foto: Schweikard*

Deutscher 110-mm-Raketenwerfer LARS beim Übungsschießen. *Foto: Schweikard*

Sowjetische 122-mm-Haubitze D-30 A

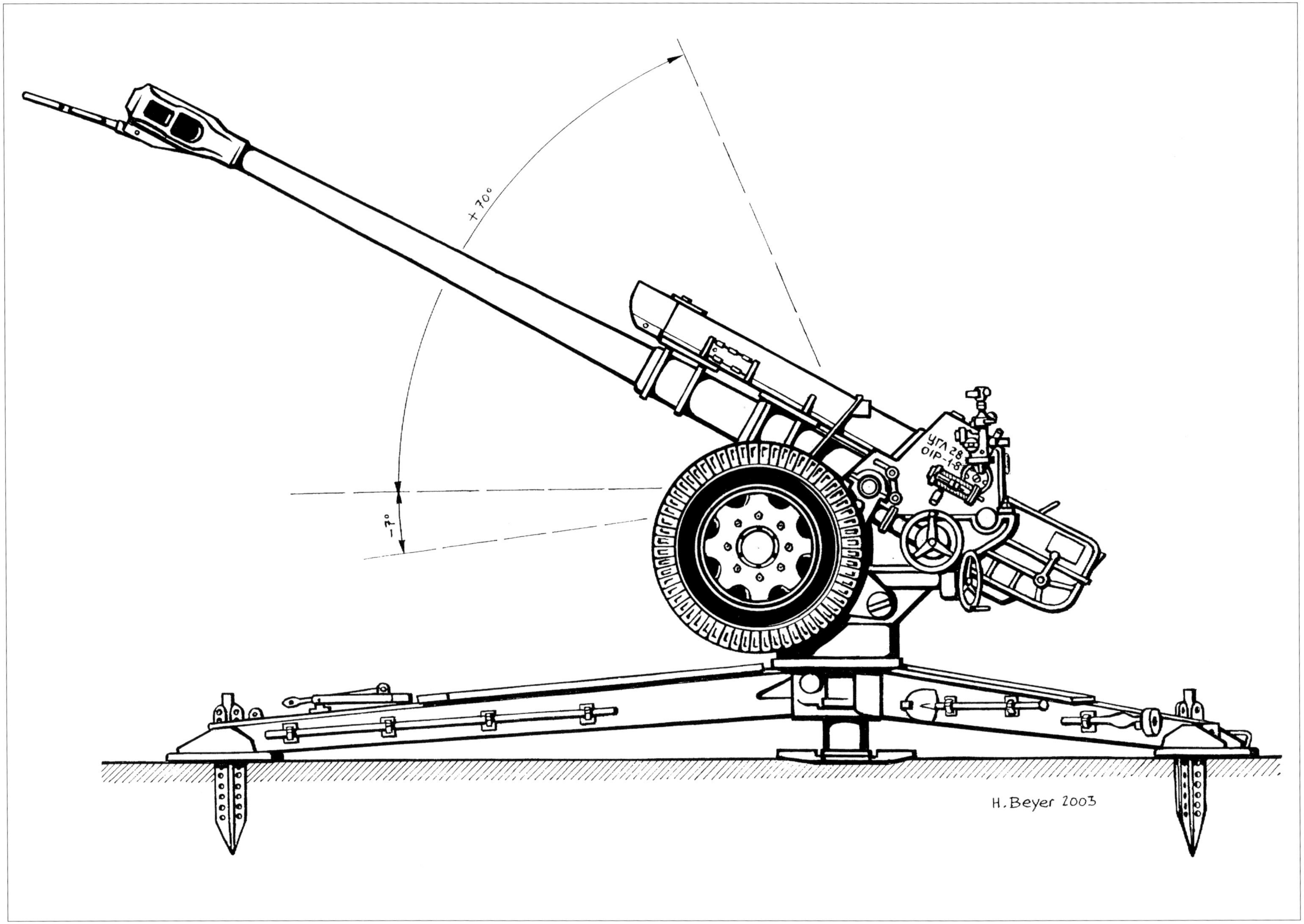

Vordere Details der Kanone M-46. *Fotos: Archiv Großer*

Die 130-mm-Kanone M-46 mit Aufliegerprotze.

Sowjetische 130-mm-Kanone M-46

Zum Ersatz der 122-mm-Kanone A-19 und der 152-mm-Kanonen-Haubitze ML-20 wurde bereits ab 1946 ebenfalls in einem so genannten »Dupleks-Programm« die Entwicklung einer 130-mm-Kanone und einer 152-mm-Kanone auf einer Einheitslafette festgelegt. Die vom Konstruktionsbüro des Werkes Nr. 172 erarbeiteten Projekte erhielten den Index M-46 (130-mm-Kanone) und M-47 (152-mm-Kanone). Die erste 130-mm-Kanone M-46 wurde 1949 fertiggestellt und umfangreichen Erprobungen unterzogen. Vier Geschütze gingen ab November 1950 in die Truppenerprobung, ab 1951 folgte eine Vorserie von 20 Geschützen. Das auf einer Spreizlafette aufgebaute Geschütz mit einem 7600 mm langen Rohr (Mantel- und Seelenrohr) wiegt in der Feuerstellung 8450 kg. Zum Schießen werden die Holme mit eingebauten hydraulischen Hebern abgesenkt. Der Richtbereich beträgt –2,5° bis +50° (je Seite 25°). Die Höchstschussweite mit einer 33,4-kg-Spr.-Gr. beträgt 27.100 m (Vo = 930 m/s). Gepanzerte Ziele mit einer Höhe von 2 m können mit Pz.-Gr. auf einer Entfernung von 1170 m treffsicher bekämpft werden. Als Zugmittel dienten Kettenschlepper AT-S, LKW Ural oder Tatra 813. Die in großen Stückzahlen hergestellten Geschütze M-46 wurden in viele Länder exportiert und in China nachgebaut. Ein Teil befindet sich heute noch im Einsatz.

Amerikanische 155-mm-Feldkanone M 59

Die 155-mm-Kanone M 59 ist eine verbesserte Version der bereits im 2. WK bei der U.S.-Artillerie eingesetzten Kanone M1/M2 (»Long Tom«). Auf der gleichen Lafette wie die bereits früher entwickelte 8-inch-Haubitze M1 war das rund 13,8 t schwere Geschütz von vorneherein für Kraftzug konzipiert. Das L/45-Rohr hat einen Höhenrichtbereich von –1° bis +63° (Seite 60°). Die Höchstschussweite mit einer 42,96-kg-Spr.-Gr. betrug 23,2 km. Nach dem 2. WK wurden diese Kanonen auch an mehrere NATO-Partner geliefert. Auch bei der Deutschen Bundeswehr war sie in den Anfangsjahren in Artilleriebataillone bei der Korpsartillerie im Einsatz.

Die 155-mm-Feldkanone M 59 bei der Korpsartillerie der Bundeswehr.
Foto: BMVg

Französische 155-mm-Haubitze Mle 1950

Die 155-mm-Haubitze war eines der ersten Geschütztypen, die in Frankreich nach dem 2. WK entwickelt wurden. Zur besseren Gewichtsverteilung (Bodendruck) wählte man eine Vierradlafette mit Spreizholmen. Zum Feuern wurde das Geschütz auf eine unter der Lafette angebrachten Plattform abgesenkt. Rücklaufbremsen, Vorholer und hydropneumatische Rohrausgleicher sind hier um das Rohr angeordnet. Die Rohrlänge beträgt 3410 mm, der Höhenrichtbereich geht von –4° bis +69° (Seite 80°). Mit einer Spr.-Gr. – Gewicht 43,0 kg – wurde bei einer Vo von 650 m/s eine max. Schussweite von 18.000 m erreicht. Das Geschütz wurde auch nach Schweden, Syrien, dem Libanon und nach der Schweiz exportiert.

Die französische 155-mm-Haubitze Mle 1950 bei einer Paradeformation. *Foto: Touzin*

Die 152-mm-Kanone M 47 vor dem Artilleriemuseum in St. Petersburg. *Foto: Autor*

Sowjetische 152-mm-Kanone M 47

Die 152,4-mm-Kanone M 47 war das zweite Geschütz, welches in dem bereits erwähnten »Duplex-Programm« zusammen mit der 130-mm-Kanone M 46 entwickelt wurde. Mit der Konstruktion und Herstellung war ebenfalls das Werk Nr. 172 beauftragt. Nach der Werkserprobung von Prototypen wurden 1951 die ersten vier Geschütze zur Truppenerprobung geliefert. In der gleichen Lafette wie die »130er« kam dieses Geschütz auf ein Gewicht in der Feuerstellung von 8450 kg. In Fahrstellung wurde das Rohr zurückgezogen und zur Gewichtsverteilung mit einer Aufliegerprotze gefahren. Das 7170 mm lange Rohr (L/47,2) hatte einen Höhenrichtbereich von –2° bis +45° (Seite 50°). Mit einer Spl.-Spr.-Gr. OF-547 erreichte man eine Höchstschussweite von 20.470 m. Mit Pz.-Granaten konnte im direkten Richten bis 860 m treffsicher geschossen werden. Kanonen dieses Typs wurden auch nach anderen verbündeten Ländern exportiert.

Sowjetische 152-mm-Kanonen-Haubitze D-20

Die Entwicklung dieser neuen 152,4-mm-Kanonen-Haubitze erfolgte ab 1947 im Rahmen eines Tripleks-Programms unter Leitung von F. F. Petrov. Ursprünglich als Korpshaubitze D-72 bezeichnet, sollte sie zusammen mit einer 100-mm-Pak D-70 und einer 122-mm-Korpskanone D-71 auf einer Einheitslafette konzipiert werden. Von diesem Programm rückte man jedoch ab und entwickelte die dann als D-20 bezeichnete Kanonen-Haubitze als eigenständige Konstruktion. Die ersten vier Versuchsgeschütze wurden ab 1953 vom Werk Nr. 9 hergestellt. Die Serienherstellung erfolgte jedoch im Werk Nr. 221 »Barrikady«. Hier wurden 1956 die ersten 32 Geschütze ausgeliefert. Im Gegensatz zu früheren sowjetischen Haubitzen erhielt die D-20 vor der Achse einen abklappbaren Stützteller. Mittels angebauten Hydraulikhebern wurde das Geschütz angehoben, sodass die Räder frei kamen (Dreipunktauflage). Mit den an den Holmenden abklappbaren Stahlrädern war so ein leichtes Schwenken um 360° möglich. Das 5650 kg schwere Geschütz konnte mit 60 km/h auf der Straße gefahren werden. Der Höhenrichtbereich ging von –5° bis +45°. Als max. Schussweite mit einer 49,56-kg-Spl.-Spr.-Gr. wurden 17.410 m angegeben. Auch Pz.-Granaten standen zur Verfügung. Als modifizierte Rohrwaffe D-22 (2A33) kam das System auch bei der 152-mm-Haubitze-SFL 2 S 3 »Akatsia« zum Einsatz. Das Geschütz wurde in mehrere Länder exportiert und in China als Typ 66 nachgebaut.

Oben: Die D-20 in Marschlage. *Foto: Gerecke*

Links: Eine Batterie mit 152-mm-Kanonen-Haubitzen D-20 der NVA bei der Vorbereitung zum Gefechtsschießen.
Foto: Sammlung Krenz

Bedienungen bei der Ausbildung an der 155-mm-FH 155-1.
Foto: BMVg

Deutsche 155-mm-Feldhaubitze 155-1 (FH 70)

Die 155-mm-Feldhaubitze 70 war eine trilaterale Entwicklung, an der die BRD (Rheinmetall), Großbritannien (Vickers) und Italien (OTO Melara) beteiligt waren. Das für die Divisionsartillerie vorgesehene Geschütz vereinigte alle modernen Erkenntnisse der Artillerieentwicklung Ende der 60er Jahre. Das L/73,9-Rohr mit halbautomatischem Keilverschluss hat einen Höhenrichtbereich von –5,5° bis +70° (Seite 55°). Die 9,3 t schwere Haubitze hat eine Spreizlafette, zwei Hauptträder und zwei an den Holmenden beiklappbare Hilsräder. Zum selbstständigen Bewegen im Gelände verfügt das Geschütz über einen Hilfsantrieb mit 53-kW-VW-Motor. Als Höchstschussweite mit einer 43,5-kg-Spr.-Gr. (Rh-30 DM 111) werden 24,7 km erreicht. Mit reichweitengesteigerter Munition 31 km. Zum Schießen stehen auch Hohlladungsgranaten sowie Bombletgeschosse mit 63 Bomblets zur Verfügung. Bei der Bundeswehr wurde die Haubitze ab 1978 eingeführt. Für trilateralen Bedarf sind rund 450 Haubitzen hergestellt worden. Darüber hinaus erfolgte auch ein Export nach Japan, Saudi-Arabien und Malaysia.

Rückansicht der FH 155-1 mit Verschluss und Richtmittel (im Mailly Camp der Deutsch-Französischen Brigade 5/1996).
Foto: Touzin

155-mm-Feldhaubitze 155-1 (FH 70) **Zeichnung: Rheinmetall**

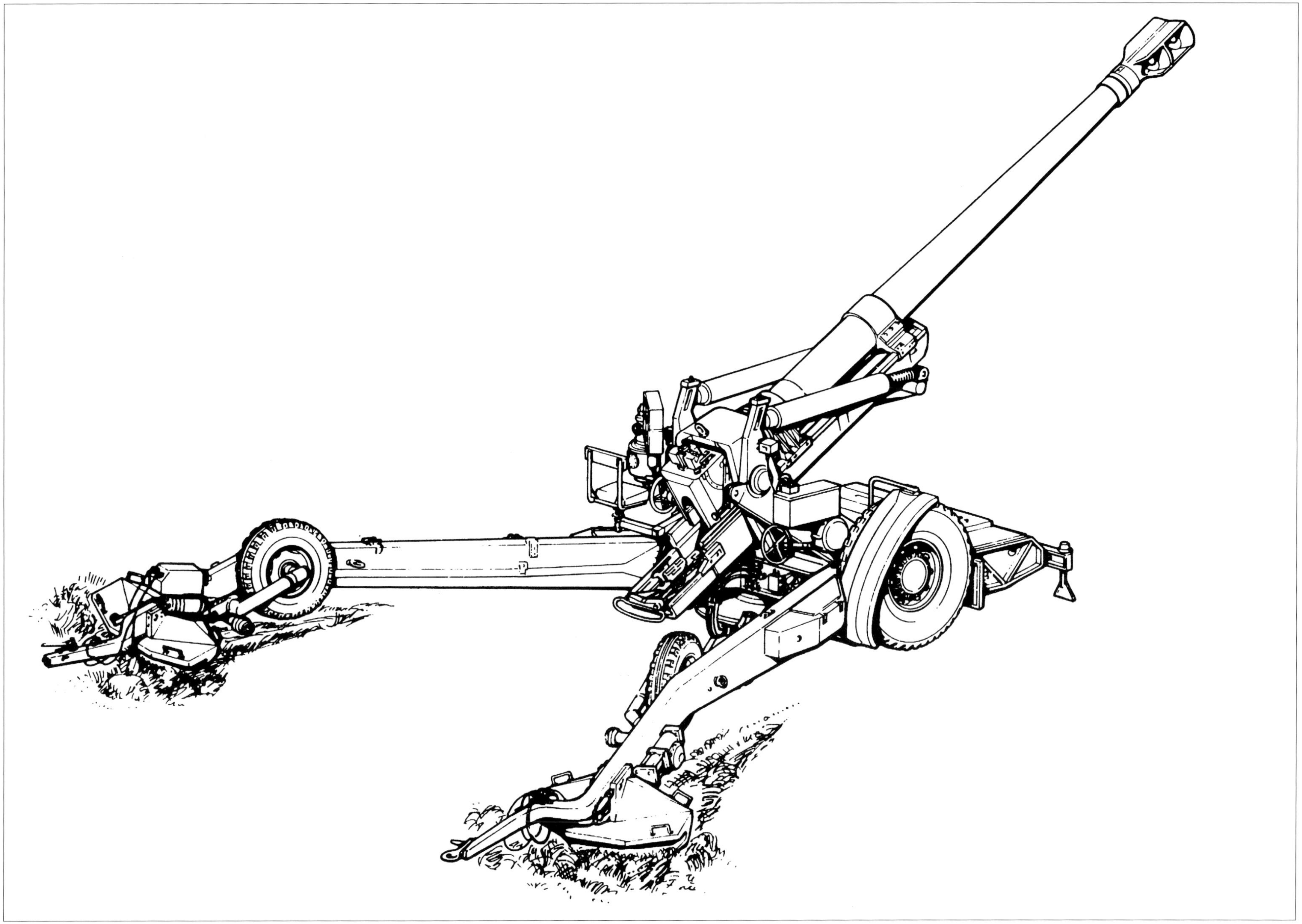

Die 152-mm-Kanone 2 A 36 im Artilleriemuseum von St. Petersburg. *Foto: Touzin*

Sowjetische 152-mm-Haubitze 2 A 65 »MSTA-B«

Analog dem Waffensystem GIATSINT wurde ab 1986 ein neues 152,4-mm-Rohrwaffensystem mit der 2 A 65 für eine gezogene Variante und der 2 A 64 »MSTA-S« für eine SFL-Haubitze eingeführt. Als Zugmittel für das rund 7 Tonnen schwere Geschütz mit einer Fahrachse wurde das 6 x 6-Fahrzeug Ural-4320 vorgesehen (plus 1. Kampfsatz 60 Schuss). Der Höhenrichtbereich der Haubitze beträgt –3° bis +70° (Seite 54°). Mit der Spr.-Gr. OF-61, Gewicht 42,8 kg, wird eine max. Schussweite von 28.900 m erreicht (reichweitengesteigerte Munition). In der 1. Feuerstunde können 100 Schuss abgegeben werden. Mit 6 Kanonieren kann die Feuerbereitschaft in 2 bis 2,5 Min. hergestellt werden.

Sowjetische 152-mm-Kanone 2 A 36 GIATSINT-B

Im April 1972 wurde der Entwurf eines neuen 152,4-mm-Waffensystems von der Hauptverwaltung für Raketen- und Artillerie (GRAU) bestätigt. Das vom zentralen Konstruktionsbüro des Maschinenbauwerkes in Perm erarbeitete Projekt sah die Verwendung der Rohrwaffe 2 A 36 in gezogener Variante und 2 A 37 auf SFL vor (s. GIATSINT-S). Das 9,8 t schwere Geschütz mit einer max. Schussweite von 28.500 m war für die Verwendung in der Korpsartillerie vorgesehen. Das mit einer Schlitzbremse versehene Rohr hat eine Länge von 8197 mm (L/54). Die Lafette mit Kastenspreizholmen wurde mit zwei Radachsen ausgerüstet. Die Fahrgeschwindigkeit auf Straßen kann bis 80 km/h (!) genutzt werden. Die Herstellung der Feuerbereitschaft erfolgt in 4 Minuten. Zum ersten Kampfsatz gehören 60 Schuss und zur Bedienung 8 Mann.

Übungsschießen mit der 152-mm-Haubitze 2 A 65 »MSTA-B« *Foto: Russia's Arms*

Südafrikanische 155-mm-Kanonen-Haubitze G 5

Die 155-mm-Kanonen-Haubitze wurde ab 1975 für die südafrikanische Feldartillerie entwickelt. Nach entsprechenden Erprobungen wurden die ersten Geschütze 1979 bei der Truppe eingeführt. Die erste Version mit einem L/45-Rohr – Rohrlänge 6980 mm – wiegt in der Feuerstellung 13,7 t. Die Spreizlafette mit zwei Fahrachsen ähnelt im vorderen Teil einem kleinen Fahrzeug. Hier ist ein 51-kW-Dieselmotor untergebracht, mit dessen Hilfe das Geschütz im Gelände gefahren werden kann. Zur Steuerung ist an einem Holm ein lenkbares Hilfsrad angebracht. Der Höhenrichtbereich beträgt –3° bis +75° (Seite 82°). Die Höchstschussweite mit normaler Munition, Spr.-Gr. 45,5 kg, beträgt 29.850 m. Für reichweitengesteigerte Munition werden 37.500 m angegeben (Vo = 897 m/s). Zur Bedienung gehören 8 Mann. Zwischenzeitlich wurde das Geschütz weiter verbessert und mit einem L/52-Rohr ausgerüstet.

Die G5-Kanonen-Haubitze im Südafrikanischen Museum für Militärgeschichte.
Foto: SA National Museum of Military History

Amerikanische 155-mm-Haubitze M 198

Zur Ablösung der älteren 155-mm-Haubitzen M 114 wurde Ende der 60er Jahre die neue, leistungsgesteigerte Haubitze M 198 entwickelt. Nach Erprobungen mit Prototypen ging das Geschütz 1978 in Serie. Das in der Feuerstellung 7,16 t schwere Geschütz mit Spreizlafette wird zum Schießen abgesenkt. Das L/39,3-Rohr hat einen Höhenrichtbereich von –5° bis +72° (Seite 45°). Die Normalschussweite mit einer 43,9-kg-Spr.-Gr. beträgt 18.150 m (Vo = 684 m/s). Mit nachbeschleunigter Munition werden rund 30.000 m erreicht. Außer Spl.- und Spr.-Gr. stehen auch Minengranaten (46,5 kg) mit 36 Anti-Personalminen zur Verfügung. Für die Haubitze ist auch der Einsatz von Nuklearmunition M 454 mit einer Sprengkraft von 0,1 KT möglich. Haubitzen M 198 wurden auch nach den Niederlanden, Indien und Australien exportiert.

Eine 155-mm-Haubitze M 198 im Wüsteneinsatz. *Foto: Military Analysis Network*

Französische 155-mm-Kanonen-Haubitze TR F1

Die von GIAT Industries hergestellte 155-mm-Kanonen-Haubitze wurde ab 1989 bei der französischen Feldartillerie eingeführt. Das 10,7 t schwere Geschütz verfügt über einen Hilfsantrieb zum Fahren auf kurzen Strecken und zur Energieversorgung mechanischer Funktionen (Spreizen der Holme, Richten, Laden). Das L/40-Rohr kann in der Höhe von –6° bis +66° gerichtet werden (Seite 65°). Das automatische Ladesystem erlaubt das Laden bei jeder Rohrstellung. Die max. Schussweite mit einer 43,2-kg-Spr.-Gr. beträgt 24.000 m (Vo = 830 m/s). Sicher steht auch zwischenzeitlich reichweitengesteigerte Munition zur Verfügung.

Die weiterentwickelte 155-mm-Kanonen-Haubitze von GIAT mit L/52-Rohr auf der EURO SATORY 2002.
Fotos: Touzin

Die 155-mm-Kanonen-Haubitze TR F1 wird über die Holme gezogen.

Sowjetische 180-mm-Kanone S-23

Erste Überlegungen zum Bau einer Nachfolgegeneration von Geschützen für die schwere Artillerie wurden im Konstruktionsteam von W. G. Grabin schon 1944 angestellt. Ein 1945 aufgestelltes »Großes Tripleks-Programm« sah die Entwicklung von vorerst drei, später vier neuen Geschütztypen vor. 1947 wurden in dieses Programm die Entwicklung einer 180-mm-Kanone (S-23), einer 210-mm-Haubitze (S-23-I), eines 280-mm-Mörsers (S-23-II) und einer 203-mm-Kanonen-Haubitze (S-23-IV) aufgenommen. Letztere wurde alsbald wieder gestrichen, für die anderen wurde jedoch eine Konstruktion eingeleitet (neuer Index ab 1953: 180-mm-Kanone S-23, 210-mm-Haubitze S-33, 280-mm-Mörser S-43). Während von der Haubitze und dem Mörser nur Prototypen gebaut und erprobt wurden, ging die 180-mm-Kanone S-23 in Serie. Das in der Feuerstellung 21,5 t schwere Geschütz hatte eine Spreizlafette mit Kastenholmen und zwei luftbereifte Zwillingsräder. Das 8649 m lange Rohr mit Mündungsbremse hatte einen Höhenrichtbereich von –2° bis +50° (je Seite 20°). Die max. Schussweite mit einer 88-kg-Spr.-Gr. F-572 betrug 30.300 m (volle Ladung). Mit einer »Spezialgranate OF 23« (nachbeschleunigt?) sollen 43.800 m erreicht worden sein (Vo = 860 m/s). Zum Schießen wurde das Geschütz mit Grundplatte auf eine mitgeführte Bettung abgesetzt und die Räder angehoben. Als Zugmittel dienten schwere Kettenschlepper (V/Straße 35 km/h). Zur Bedienung gehörten 14 Mann. Nach umfangreichen Erprobungen wurde das Geschütz 1967 offiziell in die Bewaffnung aufgenommen. Vom Werk Nr. 221 Barrikady sind bis 1971 zwölf dieser Kanonen hergestellt worden. Da in der Zwischenzeit weitere neue Geschütztypen entwickelt wurden (210-mm-Kanone S-72 und 305-mm-Haubitze S-73), soll die Herstellung der 180-mm-Kanone abgebrochen worden sein.

Eine 180-mm-Kanone S-23 im Artilleriemuseum von St. Petersburg. Foto: Gerecke

Amerikanische schwere 8-inch-Haubitze M-115

Die schwere 8-inch-Haubitze M-115 (Kal. 203 mm) basierte ebenfalls auf die bereits ab 1940 in Serie gefertigte Haubitze M1/M2. In der gleichen Lafette wie die »Long Tom« kam die Haubitze nun auf ein Gefechtsgewicht von 13,4 t. Das L/25-Rohr hatte einen Höhenrichtbereich von –2° bis +55° (Seite 60°). Als Höchstschussweite wurden mit einer 92,5-kg-Spr.-Gr. 16.900 m erreicht (Vo = 595 m/s). Außerdem standen 90,7-kg-Betongranaten zur Verfügung. Als Zugmittel diente ab 1961 der 10-t-LKW (6 x 6) FAUN Z 912/21. Außer an NATO-Partner wurde das Geschütz auch nach Indien, dem Iran, Japan, Südkorea, Taiwan u.a. geliefert.

Ausbildung an der 203-mm-Haubitze M-115 aus U.S.-Fertigung bei der Deutschen Bundeswehr. Foto: BMVg

Amerikanische 280-mm-Kanone M 65

Die Fertigung einer schweren 280-Kanone zum Verschießen von Nuklearmunition begann 1950. Das rund 19 t schwere L/46-Rohr wurde in einer Oberlafette gelagert, welche auf einer Unterlafette gebremst zurücklaufen konnte. Der Höhenrichtbereich betrug 0° bis +55° (Seite 15°). Originell war die gewählte Transportmöglichkeit mit einem Zug- und einem Schubtraktor. Die Länge in Marschlage von 25,2 m sowie das Gewicht des Zuges mit rund 84 t behinderte oft eine schnelle Verlegungsmöglichkeit (Marschwege, Brücken). Abgesetzt und aufgenommen wurde das Geschütz durch zwei hydraulisch bewegte Lastarme. Die Höchstschussweite mit einer 364-kg-Nukleargranate betrug 24.000 m (mit verbesserter Nuklearmunition T 315 30.200m). Insgesamt sind von der inoffiziell als »Atomic Annie« bezeichneten Kanone 66 Exemplare hergestellt worden. Im Zuge der Einführung taktischer und operativ-taktischer Raketen mit Nuklearsprengköpfen wurden die letzten drei Bataillone mit 280-mm-Geschützen im Dezember 1963 aufgelöst.

Oben: Eine 280-mm-Kanone M 65 mit Schub- und Zugtraktor im U.S. Army Ordnance Museum in Aberdeen.
Foto: U.S. Army Ordnance Museum Aberdeen

Unten: Ein abgesetztes Geschütz »Atomic Annie« M 65 in Aberdeen. *Foto: Archiv Schweizer*

Panzerjägerkanonen

Sowjetische 57-mm-selbstfahrende Pak SD-57

Auf der Basis der 57-mm-Pak Tsch-26 wurde Anfang der 50er Jahre im Werk Nr. 9 eine selbstfahrende Pak SD-57 entwickelt, von der im November 1954 die ersten sechs Geschütze zur Truppenerprobung ausgeliefert wurden. Als Antrieb nutzte man den Viertakt-Otto-Motor des schweren Motorrades M-72 (17 kW). Ein Kraftstoffvorrat von 35 l war in den Holmen untergebracht. Das Schaltgetriebe hatte 6 Vorwärts- und 2 Rückwärtsgänge. Die Kanone hatte einen Höhenrichtbereich von –8° bis +15° (Seite 52°). Die Höchstschussweite mit einer normalen Spr.-Gr. betrug 6700 m. Mit einer 6,61-kg-Pz.-Gr. konnten Ziele mit direktem Schuss bis auf 1100 m bekämpft werden (Vo = 990 m/s). Der gewählte Antrieb erwies sich in schwierigem Gelände als zu schwach. Nach Einführung der 100-mm-Pak T-12 wurde dieses Geschütz meistens zurückgezogen und verblieb in der Reserve. Bei einigen verbündeten Armeen blieb es jedoch mit und ohne Motor noch länger in Gebrauch.

Eine 57-mm- selbstfahrende Pak SD-57 im Armeemuseum in Dresden (heute Militärhistorisches Museum der Bundeswehr). *Foto: Autor*

Spanische 6-cm-Pak 60/50 S.A.

Die spanische 6-cm-Pak L/50 wurde Anfang der 50er Jahre entwickelt. Das Geschütz gibt es mit verschiedenen Schutzschilden. Das Gewicht in der Feuerstellung beträgt 1095 kg. Als max. Schussweite werden 9000 m angegeben, die effektive Schussentfernung bei Panzerbekämpfung lag bei 1500 m (3,6-kg-Pz.-Gr.). Die Einführung bei der spanischen Armee erfolgte 1954. Wie viele Geschütze von diesem Typ hergestellt wurden, ist nicht bekannt.

Eine 6-cm-Pak 60/50 im Museo Militar de Montjuich in Barcelona. *Foto: K. P. Mehl*

Sowjetische 85-mm-Kanone D-44 und SD-44

Für die sowjetische Divisionsartillerie und Panzerabwehr wurden bereits ab 1940 eine ganze Reihe von 85-mm-Kanonen entwickelt, bei denen teilweise auf die modifizierte Rohrwaffe der 85-mm-Flak obr. 1939 zurückgegriffen wurde (BL-25, F-30, Pak U-10, Kanone ZIS-S-8). Die D-44 wurde ursprünglich als »Divisionskanone und Pak« im Werk Nr. 9 entwickelt. Die ersten sieben Geschütze wurden im Mai 1945 auf dem Werksschießplatz erprobt und anschließend in die Truppenerprobung gegeben. Die Serienfertigung der jetzt als Divisionskanone bezeichneten Geschütze lief 1946 an (474 Geschütze). Die D-44 hatte einen Höhenrichtbereich von –7° bis +20°. Die Höchstschussweite mit einer 9,5-kg-Spr.-Gr. betrug 15.650 m. Mit der 9,2-kg-Pz.-Gr. konnten Ziele im direkten Richten bis 1200 m bekämpft werden (Vo = 800 m/s). Von der D-44 wurden bis 1953 10.918 Exemplare gebaut. Exportierte Geschütze wurden bei verbündeten Armeen auch bei Panzerjägereinheiten eingesetzt. Bereits Ende 1948 erfolgte im Werk Nr. 9 eine Weiterentwicklung zu einer selbstfahrenden Kanone SD-44. Außer der Ausstattung mit einem M-72-Motorradmotor (17 kW) wurden auch konstruktive Details verbessert. Die ballistischen Leistungen blieben die gleichen wie bei der D-44. Als SD-44 N wurde auch eine Version mit Nachtsichtzielgerät eingeführt. Auch bei der SD-44 erwies sich der Selbstfahrantrieb als zu schwach, sodass er oft entfernt wurde und die Kanone mit Zugmittel gefahren wurde. Trotzdem blieben diese leistungsfähigen Kanonen längere Zeit im Truppendienst.

Die sehr niedrige 85-mm-Kanone D-44 mit Spreizlafette und Rohrholmen. *Foto: Gerecke*

Eine 85-mm-Kanone SD-44 im Fahrbetrieb auf einer Parade 1958 in Berlin. *Foto: Autor*

Schweizer 9-cm-Pak M 57

Die 9-cm-Pak M 57 war eine Weiterentwicklung der ab 1950 gebauten Pak gleichen Kalibers. Das von der Schweizer Konstruktionswerkstätte Thun gefertigte Geschütz war vom Wirkprinzip her ein so genanntes Niederdruckgeschütz. Gegenüber der älteren Pak M 50 wurden diverse konstruktive Details verbessert (Mündungsbremse, neuer Verschluss, neues Schutzschild). Die effektive Schussweite bei der Panzerbekämpfung betrug 800 bis 1.000 m (Vo = 600 m/s). Mit einer 3,15-kg flügelstabilisierten Hohlladungsgranate konnte auf 800 m Schussentfernung eine Panzerung von 250 mm durchschlagen werden (Auftreffwinkel bis 60°). Konventionelle Pak-Geschütze wurden auch in der Schweiz schrittweise durch die Einführung von Panzerabwehrlenkraketen (PALR) abgelöst.

Deutsche 90-mm-Pak mit Hilfsantrieb

Auch für den möglichen Einsatz bei Panzerjägern der Bundeswehr wurde Anfang der 60er Jahre eine selbstfahrende 90-mm-Pak bei Rheinmetall entwickelt. Bis 1966 wurden drei Prototypen gebaut und erprobt. Die Kanone war mit einem L/40,4-Rohr bestückt und verschoss Hohlladungs- und Quetschkopfgranaten nach U.S.-Fertigung. Mit der Quetschkopfgranate wurde eine Vo von 1181 m/s erreicht. Das rund 5 t schwere Geschütz verfügte über einen Hilfsantrieb und ein lenkbares Spornrad, mit der die Kanone im Gelände mit 8 bis 10 km/h gefahren werden konnte. Obwohl diese Kanone den damaligen Anforderungen an ein modernes Pak-Geschütz entsprach, entschloss sich die Bundeswehr, dieses Geschütz nicht einzuführen und an seiner Stelle wieder auf das im 2. WK bewährte Prinzip eines Jagdpanzers zurückzugreifen (s. Jagdpanzer Kanone).

Oben: Eine 9-cm-Pak M 57 mit ihrem stark gewölbten Schutzschild. *Foto: Touzin*

Unten: Ein Prototyp der 90-mm-Pak in der firmeneigenen Studiensammlung von Rheinmetall. *Foto: Autor*

Mit sehr niedrigem Aufzug: die 100-mm-Pak T-12.

Richtantriebe, Aufsatztrommel und Halterung für Rundblickfernrohr an der 100-mm-Pak T-12. *Fotos: Archiv Großer*

Sowjetische 100-mm-Pak T-12 und MT-12

Die ab Ende der 50er Jahre entwickelte 100-mm-Pak T-12 (GRAU 2 A 19) ist vermutlich das leistungsfähigste Pak-Geschütz, das nach 1945 in den Truppendienst kam. Als Glattrohrkanone wurden hier Unterkaliber- und Hohlladungsgranaten mit einer max. Vo von 1575 m/s verschossen. Die flügelstabilisierte UK-Granate hatte ein Gewicht von 6,85 kg (Hohlladungs-Gr. 23,5 kg). Der Höhenrichtbereich bei dieser Pak betrug –6° bis +20° (Seite 53°). Bei einer Zielhöhe von zwei Metern konnten mit der UK-Granate gepanzerte Fahrzeuge auf einer Entfernung von 1880 m treffsicher bekämpft werden. Die max. Schussweite mit einer normalen Spr.-Gr. betrug 8200 m. Das in der Feuerstellung 3100 kg schwere Geschütz wurde im Juli 1961 offiziell in die Bewaffnung aufgenommen. In den 70er Jahren erfolgte eine Modernisierung der Pak zum Modell MT-12 (GRAU 2 A 29). Neben Änderungen bei der Federung, den Richtantrieben u.a. Details hatte das Geschütz auch etwas andere Abmessungen. Die ballistischen Leistungen waren die gleichen wie bei der T-12. Die 100-mm-Pak-Geschütze wurden ebenfalls nach mehreren Ländern des Warschauer Vertages exportiert (NVA 267 Geschütze).

Sowjetische 100-mm-Pak MT-12

Quelle: Militärtechnik 4/83, nach einem Beitrag aus »Snamenosjez«

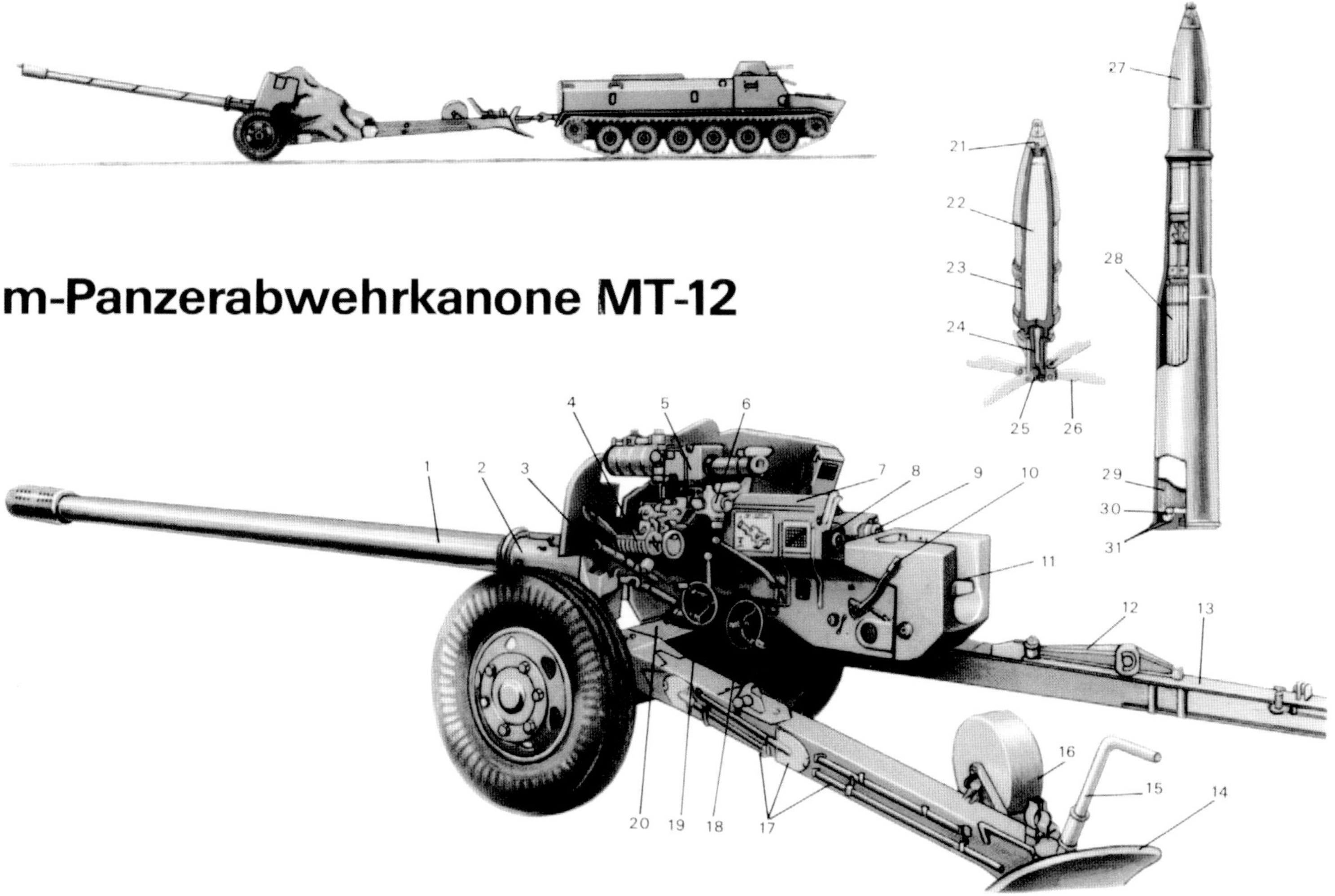

100-mm-Panzerabwehrkanone MT-12

1 Rohr mit Mündungsbremse
2 Rohrwiegengehäuse
3 Schutzschild
4 mechanisches Visier
5 Nachtsichtgerät
6 optisches Visier
7 Abweiserblech
8 Rohrbremse
9 Rohrvorholer
10 Wiederspannhebel
11 Bodenstück
12 Zurrbalken für Marschzurrung
13 Holm
14 Erdsporn
15 Richtbaum
16 Spornrad
17 Schanzgeräte
18 Seitenrichtmaschine
19 Höhenrichtmaschine
20 Unterlafettenkörper

Splittersprenggranate

21 Kopfzünder
22 Sprengladung
23 Granatkörper
24 Stabilisator
25 Leuchtsatz
26 Stabilisatorflügel

Splittersprenggranatpatrone

27 Splittersprenggranate
28 obere Teilladung
29 untere Teilladung
30 Anfeuerungsladung
31 flammenlöschendes Pulver

Flugabwehrgeschütze

Sowjetischer 14,5-mm-Fla-MG-Vierling ZPU-4

Die 14,5-mm-KPV-Waffen gehen auf Entwicklungsarbeiten des russischen Waffenkonstrukteurs S. V. Vladimirov (1895–1956) zurück. Die noch 1944 eingeführten Waffen wurden nach dem 2. WK weiterentwickelt und in verschiedenen Versionen bei der Sowjetarmee eingeführt. Neben einer Marineversion 2-M-7, einem Zwillings-Fla-MG ZPU-2 sowie Nutzung als Turmbewaffnung bei SPW entstand auch ein Vierlings-Fla-MG, welches als ZPU-4 ab 1947 bei der Truppenluftabwehr eingeführt wurde. Das in der Feuerstellung 2100 kg schwere Geschütz auf Zweiachslafette hatte einen Höhenrichtbereich von –10° bis +90°. Die gegurtete Munition wurde aus angeschlagenen Kästen verschossen. Die wirksame Schusshöhe mit 0,06-kg-Spl.-Gr. betrug 2000 m (Schussweite 4000 m). Als Feuergeschwindigkeit wurden 4 x 550 S/Min. erreicht. Das Fla-MG wurde ebenfalls in viele Länder exportiert.

Die Bedienung einer Marine-Fla-Batterie der NVA bei der Ausbildung an der ZPU-4.
Foto: Archiv Marx

Eine in Beltring gezeigte 20-mm-Vierlingsflak mit Oerlikon-Waffen. *Foto: Touzin*

Britische 20-mm-Vierlingsflak Oerlikon

Die im Juni 2003 auf der Military show in Beltring, Großbritannien, gezeigte 20-mm-Vierlingsflak ist eine seltene Version der ansonsten in der ganzen Welt in Gebrauch gewesenen Oerlikon-Geschütze. Als Grundversion von der Schweizer Waffenfirma Oerlikon schon vor dem 2. WK entwickelt, wurde diese Rückstoßlader-Rohrwaffe ab 1940 in mehreren Ländern in Lizenz nachgebaut (USA, Großbritannien, Kanada). Auch nach dem 2. WK verblieben viele dieser Waffen in Land- und Marineversionen noch längere Zeit in Gebrauch. Die Einzelrohrwaffe mit 2210 mm langem Rohr verschoss 0.12-kg-Spl.-Gr. mit einer wirksamen Schusshöhe von 1100 m (max. Schusshöhe 3050 m). Die gezeigte Vierlingsflak auf Einachslafette mit Stützteller erreichte eine Feuergeschwindigkeit von 4 x 130 S/Min. (Trommelmagazin mit 60 Schuss). Sie soll noch bis Mitte der 50er Jahre bei britischen Einheiten genutzt worden sein.

Deutscher 20-mm-Flakzwilling MK 20 RH 202

Die 20-mm-Waffe RH 202 wurde von der Firma Rheinmetall für den Einsatz bei der Bundeswehr mit verschiedenen Verwendungen entwickelt. Bekannt sind die Versionen als Solo-Geschütz auf dem 4x2-Transporter »KraKa« 640 der Fallschirmjäger, als Bordwaffe für Schützen- und Spähpanzer sowie als Zwillingsflak auf Einachsfahrgestell. Letztere wurde auch nach Frankreich, Argentinien, Griechenland, Portugal und Indonesien exportiert. Das in Marschlage 2160 kg schwere Zwillingsgeschütz kann auf einer Dreibeinlafette abgesenkt und mit Teller abgestützt werde. Auf dem Fahrgestell befindet sich auch ein NSU-Wankelmotor-Aggregat zur Energieversorgung der schnellen Richtantriebe sowie des Feuerleitrechners mit gekoppelter Zieloptik. Die effektive Wirkungsreichweite beträgt rund 2000 m. Mit den Gasdruckladern wird eine Feuergeschwindigkeit von 1600 bis 2000 S/Min. erreicht (Vo = 1045 m/s).

Eine 20-mm-Flak RH 202 in der firmeneigenen Studiensammlung bei Rheinmetall. Foto: Autor

Sowjetische 23-mm-Flak ZU-23/2

Zur Ablösung des 14,5-mm-Fla-MG ZPU-4 bei der Truppenluftabwehr wurden ab 1954 mehrere Projekte einer neuen leichten Flak erarbeitet. Entschieden hat man sich für eine 23-mm-Zwillingsflak, die ab 1960 als ZU-23 (GRAU-Index 2 A 14) bei der Truppe eingeführt wurde. Das 950 kg schwere Geschütz mit zwei abklappbaren Rädern verschießt gegurtete Munition mit einer Vo von 970 m/s. Die beiden 1880 mm langen Rohre können in der Höhe von –10° bis +90° gerichtet werden (Seite auf Plattform 360°). Mit 0,19-kg-Spl.-Gr. wird eine effektive Schusshöhe von 1500 m genutzt (max. Schusshöhe 2300 m). Die praktische Feuergeschwindigkeit beträgt 2 x 200 S/Min. Die Flak kann mit Fallschirm abgeworfen werden. Diese Waffe wurde auch in Polen und in Finnland in Lizenz gefertigt. Die im Nahbereich wirkungsvolle Waffe wurde mehrmals modernisiert und ist als ZU-23 M1 bis heute in Gebrauch. Die Modernisierung umfasste u.a. die Zusatzbestückung mit zwei Starter für Nahbereichs-FK »Igla« und »Igla 1« sowie die Ausrüstung mit Optronik-Zielvisier (TV-Kamera), Rechner und Laser-Entfernungsmesser.

Oben: Die ZU-23 in Gefechtslage. Foto: Autor

Die 20-mm-Flak in Marschlage bei der französischen Flugabwehrtruppe »Armée de l'Air«. Foto: Touzin

Chinesische 37-mm-Zwillingsflak

Bei dieser Flak handelt es sich um einen Nachbau der sowjetischen 37-mm-Flak W-47. Die ersten Prototypen entstanden 1945 im Werk »Voroshilov«. Bei dieser Flak verwendete man zwei modifizierte Rohrwaffen der Solo-Flak 61-K. Auf einer Kreuzlafette mit Sonderanhänger kam das Geschütz auf ein Gefechtsgewicht von 2830 kg. Der Höhenrichtbereich betrug –5° bis +87° (Seite 360°). Bei der sowjetischen Version erreichte man mit einer 0,73-kg-Spl.-Gr. OP-167 eine wirksame Schusshöhe von 2800 m (Selbstzerlegergrenze 3700 m). Die Feuergeschwindigkeit betrug 120 S/Min. je Rohr. Von diesem Typ sind in der Sowjetunion relativ wenige Exemplare gebaut worden. Die meisten wurden an die Volksrepublik China abgegeben und hier in Solo- und Zwillingsausführung nachgebaut.

Eine 37-mm-Zwillingsflak im »Minsk World«-Park in Yan Tian. *Foto: H. J. Mehl, 2003*

Die Schweizer 35-mm-Flak in Marschlage.

Schweizer 35-mm-Zwillingsflak GDF-001

Die von der Schweizer Waffenfirma Oerlikon ab Mitte der 50er Jahre entwickelte 35-mm-Zwillingsflak war eines der besten mittleren Flakgeschütze ihrer Zeit. Das in Fahrstellung 6,4 t schwere Geschütz konnte in wenigen Minuten durch Abklappen der Räder und Absenken des Geschützes auf Kreuzholme in Feuerstellung gebracht werden. Zur Energieversorgung für Richtantriebe hatten die Geschütze entweder einen eigenen Stromgenerator oder wurden an eine Energieversorgung angeschlossen. Der Höhenrichtbereich der L/90-Rohre betrug –5° bis +92° (Seite 360°). Die effektive Schusshöhe mit 0,55-kg-Spl.-Gr. betrug 4.000 m (Vo = 1175 m/s).

Die Flak in Feuerstellung mit aufgesetzten Messfühlern zur Messung der Vo (Feuerleitdaten).
Fotos: Oerlikon

Geladen wurde mit Rahmen zu je 7 Schuss. Die Feuergeschwindigkeit betrug 550 S/Min. je Rohr. Jede Batterie verfügte über eine Funkmess-Feuerleitanlage. Das in mehreren Versionen gebaute Geschütz wurde nach vielen Staaten exportiert und auch zur Ausrüstung moderner Flakpanzer eingesetzt.

Schwedische 40-mm-Flak L/70 BOFORS

Obwohl vom schwedischen Waffenhersteller BOFORS von 1946 bis 1954 noch 500 Exemplare der älteren 40-mm-Flak mit L/60-Rohrwaffe für den Export hergestellt wurden, lief bereits seit Ende des 2. WK die Entwicklung einer neuen 40-mm-Flak mit L/70-Rohr. Nicht nur das Rohr wurde verlängert, sondern alle Elemente dieser Flak stellten Neukonstruktionen dar. Mit neuer Munition – z.B. 0,96-kg-Spl.-Gr. – wurde jetzt eine wirksame Schusshöhe von 4000 m genutzt (Zerlegergrenze 6400 m). Wesentlich war die Erhöhung der Feuergeschwindigkeit auf 240 S/Min. (Vo = 1000 m/s.). Flakbatterien mit diesen Geschützen erhielten Funkmess-Feuerleitanlagen verschiedener Hersteller. Die schwedische Armee erhielt 1952 die ersten Geschütze mit L/70-Rohr. Bis 1970 sind von der schwedischen Armee 750 Exemplare beschafft worden. Sechs NATO-Länder erwarben die Lizenz zum Nachbau der Geschütze und der Munition. Von BOFORS sind insgesamt 2000 Exemplare für den Export in 40 Länder hergestellt worden. Hauptversion war eine gezogene Flak auf Zweiachslafette, der Einsatz erfolgte aber auch stationär, in Fla-SFL und in Marinegeschützen zur Schiffsbewaffnung.

Eine 40-mm-Flak L/70 in stationärer Ausführung am Bereskapsmuseet. *Foto: Meyer*

Eine 57-mm-Flak S-60 bei der Truppenluftabwehr der NVA. *Foto: Sammlung Krenz*

Sowjetische 57-mm-Flak S-60

Die 57-mm-Flak S-60 wurde ebenfalls bereits ab 1944 im zentralen Konstruktionsbüro für Artillerie unter Leitung von W. G. Grabin entwickelt. Ein erster Prototyp wurde 1946 gebaut und erprobt. Änderungen und Erprobungen zogen sich bis 1949 hin. Nach der staatlichen Abnahme wurde das Geschütz 1950 eingeführt. Die in Feuerstellung 4875 kg schwere Flak verschoss 2,8-kg-Spl.-Gr., für den Erdkampf standen auch Panzergranaten zur Verfügung. Die max. Schusshöhe betrug 8800 m (max. Schussweite 12.000 m). Der Batterieeinsatz erfolgte mit Geschützrichtstation und Kommandogerät PUASO (später Funkmess-Feuerleitstation RPK 1a bzw. 2). Von der S-60 wurden bis 1957 5725 Exemplare hergestellt. Die Flak wurde in 10 verschiedene Länder exportiert. Ein erster Kampfeinsatz erfolgte im Koreakrieg. Modifizierte Rohrwaffen der S-60 wurden auch beim Bau der Fla-SFL ZSU-57-2 eingesetzt.

Schwedische 57-mm-Flak m/54

Neben der 40-mm-Flak wurde bei BOFORS bis 1949 auch eine 57-mm-Rohrwaffe entwickelt, mit der sowohl ein Marinegeschütz wie auch ein Flak-Geschütz für die Truppenluftabwehr konzipiert wurde. Die Flak für Heeresverwendung erreichte mit einer 2,7-kg-Gr. eine max. Schusshöhe von 8500 m. Geschossen wurde von den Rädern mit ausgeklappten Stabilisierungsstützen. Für die schwedische Luftabwehrtruppe wurden 70 Geschütze gefertigt, 100 Exemplare wurden nach Belgien exportiert.

Die schwedische 57-mm-Flak m/54 im Militärmuseum in Brüssel. *Foto: Touzin*

Sowjetische 100-mm-Flak KS-19 und KS-19 M

Zur Beschaffung von 100-mm-Flakgeschützen für die sowjetische Luftverteidigung wurden bereits ab 1934 verschiedene Projekte entwickelt und auch Prototypen gebaut (L-6, 73-K, BL-140). Eine Serienfertigung während des 2. WK wurde jedoch zu Gunsten der 85-mm-Flak 39 nicht aufgenommen. 1946 wurden die Arbeiten im Werk Nr. 8 fortgeführt und im Dezember 1947 die ersten vier Geschütze als KS-19 zur Truppenerprobung übergeben. Die Einführung in die Bewaffnung der Luftverteidigung erfolgte 1948. Die Flak verschoss 15,8-kg-Spl.-Gr. mit mechanischen Zeitzündern und für den Erdkampf Panzergranaten. Der Höhenrichtbereich ging von –3° bis +85°. Die max. Steighöhe betrug 15.400 m (Schussweite 21.000 m). Eine automatisierte Ladeeinrichtung erlaubte Feuergeschwindigkeiten von 14 bis 16 S/Min. (Vo = 900 m/s). Der Batterieeinsatz mit vier Geschützen erfolgte nach Ortungsangaben der Funkmessstation SON-4 und des Kommandogerätes PUASO-7 bzw. PUASO 6-19. Ab 1950 erfolgte eine Modernisierung des Geschützes und der Lafette. U.a. ging man vom Mantelrohr wieder zum Massivrohr über. Bis 1. Januar 1956 sind 10.160 Flak-Geschütze dieses Typs hergestellt worden. Komplette Batterien wurden in größerer Stückzahl auch an verbündete Armeen und an Vietnam abgegeben.

Oben: Kanoniere der NVA bei der Vorbereitung zum Luftzielschießen mit der 100-mm-Flak KS-19
Foto: Sammlung Krenz

Die 100-mm-Flak KS-19 auf Holme abgestützt im Artilleriemuseum in St. Petersburg. *Foto: Autor*

Sowjetische 130-mm-Flak KS-30

Die schwere 130-mm-Flak KS-30 wurde ab 1947 im Werk Nr. 8 entwickelt. Die Plattform mit vier Holmen kam vom Kirov-Werk. Die ersten vier Geschütze wurden im April 1950 erprobt. Zu jeder Batterie gehörte ein Elektroaggregat ALD-100-2 auf LKW ZIS-151 sowie ein Kommandogerät PUASO und eine Funkmessstation SON-30. Die 8266 mm lange Rohrwaffe wurde 1953 nochmals von Mantelrohr auf Massivrohr mit 28 Zügen umgestellt. Das in der Feuerstellung 23,5 t schwere Geschütz verschoss 33,4-kg-Spl.-Gr. (getrennte Munition) mit einer max. Schusshöhe von 19.000 m (später 20.600 m). Der Transport erfolgte mit zwei Sonderanhängern. Bis zum 1. Januar 1958 sind 738 Exemplare hergestellt worden. Mit mehreren Batterien wurde ein Luftverteidigungsgürtel um Moskau eingerichtet. In der Entwicklung befanden sich auch noch 152,4-Fla-Geschütze SM-27 und KM-52 (Prototypen).

Angesichts der Fortschritte bei der Entwicklung von Fla-Raketen wurde die Produktion der KS-30 und alle anderen Entwicklungen eingestellt.

Eine 130-mm-Flak KS-30 im Artilleriemuseum in St. Petersburg. *Foto: Autor*

Artillerie auf Selbstfahrlafetten

Sowjetische Fla-SFL ZSU-23-4 »Shilka«

Zur Ablösung der 57-mm-Fla-SFL wurde ab 1957 die Entwicklung neuer SFL mit Funkmess-Waffenleitanlagen eingeleitet. Bei den für die Truppenluftabwehr vorgesehenen SFL wurden mehrere Varianten untersucht und auch verschiedene Prototypen gebaut (u.a. 37 mm ZSU-37-2 »Enisej«). Nach entsprechenden Erprobungen legte man sich auf eine SFL mit vier modifizierten 23-mm-Waffen fest (GRAU 2 A 10). Die staatliche Abnahme erfolgte 1961.

Nach nochmaligen Änderungen startete die Serienproduktion, sodass bis Ende der 60er Jahre die ersten 300 SFL mit der Bezeichnung ZSU-23-4 »Shilka« hergestellt wurden. Als Basisfahrzeug – Index GM-575 – nutzte man Elemente des leichten Panzers PT-76 (Antriebsmotor W-6R, 210 kW). In dem um 360° schwenkbaren Turm ist der Waffenteil vom Bedienteil durch eine Panzerwand getrennt. Die Funkmessanlage ermöglicht das Auffassen von Luftzielen in einer Entfernung von 12 km. Der Höhenrichtbereich der Vierlingswaffe beträgt –4° bis +85°. Die praktische Feuergeschwindigkeit mit allen Rohren beträgt 2000 S/Min. Luftziele können bis 2000 m effektiv bekämpft werden (Erdkampf 2500 m). Die Fla-SFL wurde mehrfach modernisiert und u.a. mit einer neuen, leistungsstärkeren Funkmess-Waffenleitanlage »Luk« ausgerüstet (neue Bezeichnung ZSU-23-4 M3). SFL »Shilka« wurden mehrfach bei Konflikten im arabischen Raum eingesetzt.

Eine Fla-SFL ZSU-23-4 »Shilka« im Artilleriemuseum in St. Petersburg. *Foto: Autor*

Der Flak-Panzer AMX- 13 DCA *Foto: Touzin*

Französischer Flak-Panzer AMX-13 DCA

Die vom Atelier de Construction Roanne ab 1968 in Serie hergestellten Flak-Panzer basieren auf dem Fahrgestell des bewährten leichten Panzers AMX-13. Das 17,2 t schwere Fahrzeug hatte die Abmessungen L x B x H = 5,40 x 2,50 x 3,00 m (mit Radarantenne hoch 3,8 m).

Der Antrieb erfolgte durch einen 8-Zyl.-Otto-Motor 8 GXb von SOFAM mit einer Leistung von 186 kW (V/Straße 60 km/h). In dem um 360° schwenkbaren Turm sind zwei 30-mm-Waffen HSS 831 A von Hispano-Suiza eingebaut. Am Heck des Turmes ist die Antenne des Funkmessgerätes angebaut, die bei Feuerbereitschaft hochgeklappt wird. Das FuMe-Gerät diente nur zur Zielsuche und als Entfernungsmesser, geschossen wurde mit optischem Visier. Die effektive Schusshöhe lag bei 3500 m, zur Bedienung gehörten 3 Mann.

Amerikanischer Flak-Panzer M 42 »Duster«

Der Entwurf eines neuen Flugabwehrsystems auf Selbstfahrlafette für die U.S.-Streitkräfte wurde von der Cadillac Motor Car Division erarbeitet. Nach Erprobung von Prototypen T 141 begann im gleichen Werk ab 1951 die Serienproduktion. Das rund 22,5 t schwere Fahrzeug wurde von einem Continental-Otto-Motor AOS-895-3 mit einer Leistung von 373 kW angetrieben. Das Laufwerk mit 5 Lauf- und 3 Stützrollen entspricht dem Fahrwerk des Panzers 41. In einem oben offenen Drehturm wurden zwei 40-mm-Waffen Typ BOFORS eingebaut. Mit ihnen konnten Luftziele bis 5000 m Höhe bekämpft werden. Die Feuergeschwindigkeit betrug 120 S/Min. (Vorrat 480 Schuss). Bis 1956 sind insgesamt 3700 Exemplare hergestellt worden. Deutschland erwarb ab 1956 496 Exemplare für Batterien der Div.- und Korpsflugabwehr. In den USA blieben die »Duster« noch bis Ende der 80er Jahre bei der Nationalgarde in Gebrauch.

Ein Flak-Panzer M 42 im Einsatz bei der Bundeswehr.
Foto: BMVg

Sowjetische Fla-SFL ZSU-57-2

Die Entwicklung eines Flugabwehrsystems mit Rohrwaffen auf Selbstfahrlafette begann 1947 unter Leitung von Grabin. Das mit der Objekt-Nr. 500 versehene Fahrzeug sollte auf Basiselementen des Panzers T-54 entstehen. Erste Erprobungen von Prototypen erfolgten 1950. Nach weiteren Änderungen konnte ein Vorserienmuster 1954 staatlich abgenommen werden. Die Aufnahme in die Bewaffnung erfolgte 1955. Bei dem rund 28 t schweren Fahrzeug mit vier Laufrollen wurde der um 360° schwenkbare Turm mittig aufgesetzt. Im oben offenen Turm wurden zwei automatische 57-mm-Rohrwaffen S-68 eingebaut. Die Abmaße der SFL betrugen L x B x H = 8,46 (mit Rohren) x 3,27 x 2,75 m. Der Antrieb erfolgte durch einen Dieselmotor W-54 mit 520 PS Leistung (V/Straße 50 km/h). Die Rohrwaffen hatten einen Höhenrichtbereich von –5° bis +85°. Gerichtet wurde elektrohydraulisch. Luftziele konnten effektiv bis zu einer Höhe von 5500 m bekämpft werden. Die theoretische Feuergeschwindigkeit betrug 2 x 120 S/Min. Praktisch wurde mit 2 x 50 S/Min. geschossen (Munitionsvorrat 300 Schuss). Zur Bedienung gehörten 6 Mann. Bis 1957 wurden vom Werk Nr. 946 bereits 249 Exemplare ausgeliefert (Fahrgestelle vom Werk Nr. 174 in Omsk). In den Folgejahren wurden diese Fla-SFL an 19 verbündete bzw. befreundete Staaten geliefert.

Oben: Details am Turm der 57-mm-Fla-SFL (NVA ab 1957).
Foto: Sammlung Krenz

Rechts: Die Fla-SFL ZSU-57-2 als Museumsexponat.
Foto: Gerecke

Deutscher Jagdpanzer Kanone

Anfang der 60er Jahre wurde beschlossen, für die Bundeswehr an Stelle einer bereits entwickelten selbstfahrenden 90-mm-Pak wieder auf das im 2. WK bewährte Konzept eines Jagdpanzers zurückzugreifen. Der bereits Ende der 50er Jahre von Rheinstahl/Hanomag und Rheinstahl/Henschel entwickelte Jagdpanzer wurde mit der 90-mm-Kanone L/40,5 von Rheinmetall ausgerüstet. Die Richtbereiche betrugen in der Höhe –8° bis +15°, je Seite 15°. Die wirksame Schussweite mit einer 5,74-kg-Hohlladungsgranate betrug 2000 m (Vo = 1145 m/s). Das Fahrzeug war mit Stärken von 8 bis 50 mm gepanzert (Front). Der Antrieb erfolgte durch einen V-8-Dieselmotor Daimler-Benz MB 837 Aa mit einer Leistung von 500 PS. Von diesem Jagdpanzer sind 800 Exemplare für deutschen und belgischen Bedarf gebaut worden. Ein Teil der Jagdpanzer wurde später ohne Bordkanone mit einem TOW-Starter für PALR ausgerüstet (»Jaguar 2«). Weitere Fahrzeuge dienten noch einige Zeit ohne Kanone als Panzer für vorgeschobene Beobachter.

Der Jagdpanzer mit seiner 90-mm-Kanone L/40,5. Foto: BMVg

Die französische 105-mm-Panzerhaubitze Mle 50 Foto: Touzin

Französische 105-mm-Panzerhaubitze Mle 50

Die leichte 105-mm-Panzerhaubitze wurde Ende der 40er Jahre bei Creusot-Loire entwickelt. Die Einführung bei der französischen Armee erfolgte erst 1958. Exportversionen wurden an Indonesien und Marokko geliefert. Das auf der Basis des leichten Panzers AMX-13 gefertigte Fahrzeug hatte die Abmessungen L x B x H = 5,70 x 2,65 x 2,70 m. Als Antrieb fungierte ein SOFAM 8 Gbx-Motor mit einer Leistung von 185 kW. Die Haubitze Mod. 50 (L/23 oder L/30) verschoss u.a. 16 kg schwere Spr.-Gr. mit einer Höchstschussweite von 15.000 m. Der Munitionsvorrat betrug 56 Schuss. Bei 60 km/h betrug die Reichweite auf der Straße rund 350 km. Zur Bedienung gehörten 5 Mann.

Amerikanische 105-mm-Panzerhaubitze M 52

Zur Ablösung der noch aus der Zeit des 2. WK stammenden 105-mm-Haubitze-SFL M 7 und M 37 fertigte das Detroit Arsenal ab 1954 eine neue 105-mm-Panzerhaubitze M 52. Als Fahrbasis wurde ein modifiziertes Fahrgestell des Panzers M 41 genutzt. Die rund 24 t schwere SFL hatte die Abmaße L x B x H = 5,65 x 3,15 x 3,40 m. Der Antrieb erfolgte durch einen Continental-Dieselmotor AOSI 895-5 mit einer Leistung von 373 kW. Die in dem um 360° schwenkbaren Turm eingebaute Haubitze M 49 hatte einen Höhenrichtbereich von –10° bis +65°. Die max. Schussweite betrug 11.270 m (Muni-Vorrat 102 Schuss). Panzerhaubitzen dieses Typs (und M 52 A1) wurden auch an Deutschland, Griechenland, Spanien und Südkorea geliefert. Bei der Bundeswehr waren sie ab 1959 im Bestand von Panzerartilleriebataillonen der Panzerbrigaden, bzw. später Panzerdivisionen.

Eine bei der Bundeswehr eingesetzte 105-mm-Panzerhaubitze M 52. Foto: BMVg

Britische 105-mm-Panzerhaubitze FV 433 Abbot

Die von Vickers bereits Anfang der 50er Jahre entwickelte Panzerhaubitze entsprach der Forderung, auch bei der britischen Artillerie das NATO-Standardkaliber 105 und 155 mm einzuführen. Auf der Basis des gepanzerten Mannschaftstransporters FV 432 wurde eine Panzerhaubitze mit Turm für 360° Rundumfeuer konzipiert. Die Hauptabmessungen betragen L x B x H = 5,84 x 2,64 x 2,48 m. Der Antrieb des rund 16,5 t schweren Fahrzeuges erfolgt durch einen Rolls-Royce-Vielstoffmotor K60 MK 4 G mit einer Leistung von 179 kW. Die Panzerung hat unterschiedliche Stärken von 6 bis 24 mm. Die Rohrwaffe L 13 A1 wurde mit einem Rauchabsorber und Mündungsbremse versehen. Mit einer 16,1-kg-Spr.-Gr. wurde eine Höchstschussweite von 17.000 m erreicht. Die offizielle Einführung erfolgte 1964. Diese Panzerhaubitze blieb bis in die 80er Jahre in Gebrauch. Eine schwimmfähige Exportversion wurde auch an Indien geliefert (68 Exemplare).

Eine 105-mm-Panzerhaubitze Abbot auf der Military show in Beltring. Foto: Touzin, 7/2003

Eine in Bulgarien in Lizenz gefertigte 122-mm-SFL 2S1 im Bestand der NVA (ab 1981 374 Exemplare). *Foto: Sammlung Krenz*

Sowjetische 122-mm-SFL 2S1 Gvozdika

Nach der Einführung der neuen 122- und 155-mm-Haubitzen mit Radlafetten für Kraftzug erfolgte ab 1971 in der Sowjetarmee auch die Zuführung neuer, gepanzerter Selbstfahrlafetten. Auf der Basis des Mehrzweck-Kettenfahrzeuges MT-LBu erhielt die 2S1 (Objekt 26) einen um 360° schwenkbaren Turm, in dem eine modifizierte Version der 122-mm-Haubitze D-32 (2A31) mit Trommelblende eingebaut wurde. Das Fahrzeug hat die Abmessungen L x B x H = 7,30 x 2,85 x 2,40 m. Der Antrieb erfolgt durch einen YaMZ 238-V-8-Dieselmotor mit 220 kW Leistung (V/Straße 60 km/h). Die immerhin 16 t schwere SFL ist schwimmfähig. Die Rohrwaffe hat einen Richtbereich von –3° bis +70°. Mit einer 21,7 kg schweren Spr.-Gr. wird eine Schussweite von 15.300 m erreicht (mit 21,6-kg-Spr.-Gr. nachbeschleunigt 21.400 m). Der Munitionsvorrat beträgt 40 Schuss, zur Bedienung gehören 4 Mann. 2S1-SFL wurden auch an fast alle verbündeten Staaten sowie an Syrien und den Irak geliefert. Die SFL wurde in Bulgarien auch in Lizenz gefertigt.

Amerikanische mittlere 155-mm-Panzerhaubitze M 44

Für die U.S.-Artillerie entwickelte die Massey Harris Co. ab 1947 eine neue 155-mm-Panzerhaubitze, deren Prototypen T 99 und T 99 E1 einen oben geschlossenen Kampfraum, Mündungsbremse und Rauchabsauger hatten. Aus unterschiedlichen Gründen wurde bei den Serienfahrzeugen der Kampfraum oben wieder offen gestaltet, Mündungsbremse und Rauchabsauger entfielen. Die 28,3 t schwere SFL hatte die Abmessungen L x B x H = 6,16 x 3,24 x 3,11 m. Als Antrieb diente ein Continental-Otto-Motor AOS-895-3 (5) mit einer Leistung von 373 kW (V/Straße 56 km/h). Die L/20-Rohrwaffe M 45 konnte nach jeder Seite mit 30° gerichtet werden (Höhe –5° bis +65°). Die max. Schussweite mit einer 42,9-kg-Spr.-Gr. betrug 14.630 m (Munitionsvorrat 24 Schuss). Die ab 1958 für die Bundeswehr gelieferten SFL waren bis 1965 bei den Pz.-Btl. der Brigaden und bei ArtRgt in den Divisionen eingesetzt. Ab 1964 erfolgte bereits die Ablösung durch die Panzerhaubitze M 109.

Französische 155-mm-SFL F3

Ende der 50er Jahre führte die französische Armee die bei Creusot-Loire entwickelte 155-mm-SFL mit Basiselementen des leichten Panzers AMX-13 ein. Das mit einer offenen Kanonen-Haubitze (L/33) bestückte Fahrzeug hatte die Abmessungen L x B x H = 6,22 x 2,72 x 2,08 m. Der Antrieb erfolgte anfänglich durch einen SOFAM-Otto-Motor 8 Gxb (186 kW), später gelangte auch ein Detroit-Dieselmotor 6 V–53T mit 209 kW Leistung zum Einsatz (Otto-Motoren konnten umgerüstet werden). Die Fahrstrecke mit Dieselmotor betrug 400 km. Mit einer 43,7 kg schweren Spr.-Gr. wurde eine max. Schussweite von 20.000 m erreicht (auch Nebel- und Leuchtgranaten möglich). Zur Stabilisierung beim Schießen wurden am Heck zwei Stützplattformen abgeklappt. Zur Fahrbedienung gehörten zwei Mann, während 8 Mann Bedienung und erster Kampfsatz mit 25 Granaten und Ladungen auf einem Begleitfahrzeug transportiert wurden. Die SFL wurde bis in die 80er Jahre nach mehreren südamerikanischen und afrikanischen Staaten exportiert.

Bedienung einer 155-mm-PzH M 44 A1 der Bundeswehr bei der Ausbildung. Foto: BMVg

Die französische 155-mm-SFL F1 bei der Vorbereitung für eine Truppenparade. Foto: Touzin

Französische 155-mm-SFL F3

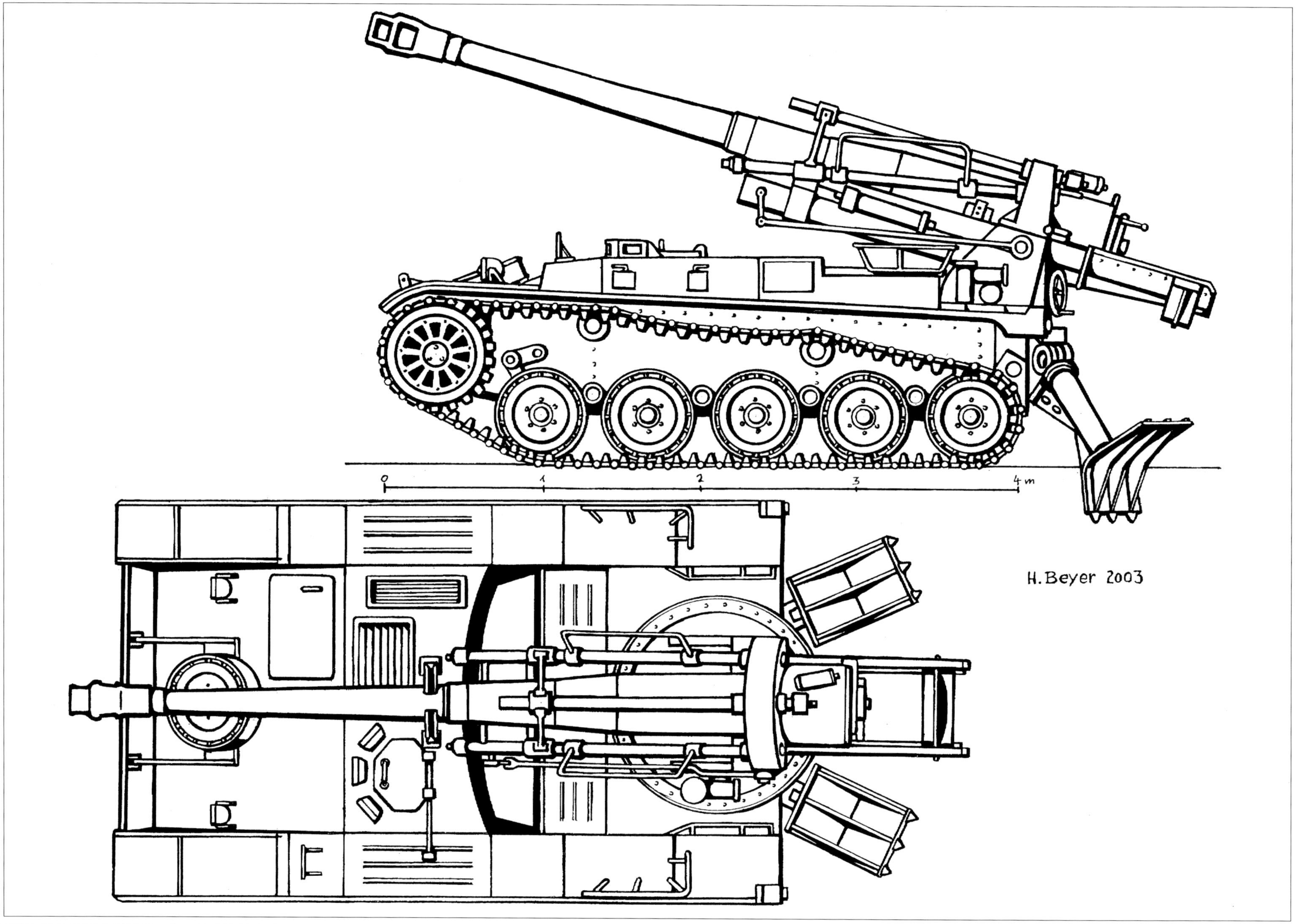

Amerikanische 155-mm-Panzerhaubitze M 109 und Nachfolgetypen

Die amerikanische 155-mm-PzH M 109 und ihre weiterentwickelten Versionen sind heute noch mit über 4000 Exemplaren eine Standard-SFL in vielen Armeen der Welt. Ihre Entwicklung begann Anfang der 50er Jahre. Nach Erprobungen und Überarbeitung der Prototypen T 196 und T 196 E1 wurden die ersten SFL 1962 beim Cleveland Army Tank Plant hergestellt. Die Serienfertigung erfolgte danach bei Bowen McLaughlin-York (BMY). Bei der Grundversion wurden die Wanne und der um 360° schwenkbare Turm aus Leichtmetall hergestellt. Die Abmaße L x B x H betrugen 6,12 x 3,06 x 3,29 m (Gefechtsgewicht 24,9 t). Der Antrieb erfolgte durch einen Detroit-Dieselmotor 8V 71 T mit einer Leistung von 302 kW (V/Straße 56 km/h). Als Rohrwaffe kam die Haubitze M 185 L/23 mit Rauchabsorber und Mündungsbremse zum Einbau. Die max. Schussweite mit einer 42,9-kg-Spr.-Gr. betrug 14.600 m. Die weiter verbesserte Version M 109 A1 erhielt bereits ein neues L/33-Rohr (Schussweite jetzt 18.500 m). Für die Bundeswehr wurden die ersten PzH M 109 ab 1964 geliefert. Im Unterschied zu der U.S.-Version mit Schraubverschluss wurde hier ein horizontaler Gleitkeilverschluss vorgesehen. Diese Version erhielt die Bezeichnung M 109 G (Germany). In deutscher Regie wurden die PzH später grundlegend modernisiert und erhielten als neue Waffe ein L/39-Rohr mit Mündungsbremse von Rheinmetall (Rohrwaffe der FH 70). Mit der Standardmunition D-A3 konnte jetzt die maximale Schussweite auf 24.000 m bzw. mit reichweitengesteigerter Munition auf 31.000 m erhöht werden. Diese leistungsgesteigerte Version erhielt die Bezeichnung M 109 A3 G.

Auch in den USA erfolgte mehrmals eine grundlegende Überarbeitung, die quasi einer Neukonstruktion gleichkam. Auch hier wurde ein neues L/39-Rohr in einem verlängerten Turm vorgesehen. Die Panzerung wurde verbessert und innen eine Kevlarauskleidung vorgesehen. Außerdem erhielt die PzH ein neues Feuerleit- und Navigationssystem. Als M 109 A6 »Paladin« ist die PzH heute ein Standardgeschütz der U.S.-Panzerdivisionen.

Rechts: Eine 155-mm-PzH M 109 der ersten Version bei den U.S.-Streitkräften in Deutschland. *Foto: BMVg*

Links: Eine in Deutschland modernisierte 155-mm-PzH M 109 A3 G *Foto: Modes, BMVg*

Unten: Die U.S.-PzH M 109 A6 »Paladin« mit neuer M 284-Haubitze. *Foto: Military Analysis Network*

Sowjetische 152-mm-SFL 2 S 3 »Akatsiya«

Die 152-mm-SFL 2 S 3 (Objekt 303) wurde ab 1971 bei der Sowjetarmee eingeführt. Wanne und Fahrwerk sind hier an das Basisfahrzeug für den FK-Starter SA-4 »Ganef« angelehnt. Als Rohrwaffe kam das modifizierte Modell D-22 (2 A 33 M) der gezogenen Haubitze zum Einsatz. Im Unterschied zu früheren SFL-Ausführungen wurde auch hier das Waffensystem in einem um 360° schwenkbaren Turm eingebaut. Wie die gezogene Haubitze, verschießt die SFL ebenfalls 43,7-kg-Spr.-Gr. mit einer max. Schussweite von 18.500 m (weitere Munitionsarten möglich). Mit nachbeschleunigter Munition können 24.000 m erreicht werden. Der Munitionsvorrat beträgt 46 Schuss. Beim Feuern in fester Stellung kann das automatisierte Ladesystem durch Luken im Heck auch von außen bedient werden. Die Abmessungen der SFL betragen L x B x H = 6,79 x 3,25 x 2,61 m. Angetrieben wird das Fahrzeug durch einen W59-V-12-Dieselmotor mit 390 kW Leistung (V/Straße 55 km/h). Zur Bedienung zählen 6 Mann.

Eine sowjetische 152-mm-SFL 2 S 3 in der Lehrsammlung der Artillerieschule in Idar-Oberstein.
Foto: Autor

Französische 155-mm-SFL GIAT GCT

Die 155-mm-SFL mit geschlossenem Geschützturm und verbesserten Leistungsparametern wurde ab 1977 von GIAT Industries mit Basiselementen des Panzers AMX-30 produziert. Die ersten SFL wurden allerdings nach Saudi-Arabien exportiert. Die französische Armee führte das Waffensystem ab 1980 als Ablösung für die F3 ein. Die SFL mit den Abmessungen L x B x H = 10,25 (über Rohr) x 3,15 x 3,25 m kommt auf ein Gefechtsgewicht von rund 42 t. Die GCT-Kanone verfügt über eine automatische Ladeeinrichtung, womit eine Feuergeschwindigkeit von 8 S/Min. erreicht wird. Die max. Schussweite mit nachbeschleunigter Munition beträgt 30.500 m. Als Antrieb wurde ein Hispano-Suiza-110-Vielstoffmotor mit 535 kW Leistung eingesetzt. Die Fahrstrecke auf der Straße beträgt bei 60 km/h rund 450 km. Zur Bedienung zählen 4 Mann. Bis 1995 wurden rund 400 SFL hergestellt. Auch an den Irak wurden 85 SFL dieses Typs verkauft.

Die französische 155-mm-SFL AU FI von GIAT.
Foto: Touzin

Sowjetische 152-mm-Kanonen-SFL 2 S 5 GIATSINT-S

Die ab 1976 bei der sowjetischen Artillerie eingeführte SFL 2 S 5 (Objekt 307) ist mit einer 152,4-mm-Kanone 2A37 mit Schlitzbremse ausgerüstet. Das hinten lafettierte Geschütz hat einen Höhenrichtbereich von –2,5° bis +58° (je Seite 15°). Die Abmessungen betragen L x B x H = 8,95 x 3,25 x 2,91 m. Das Gefechtsgewicht beträgt 28,2 t. Der Antrieb erfolgt durch einen Dieselmotor W-59 mit einer Leistung von 520 PS. Die Fahrgeschwindigkeit auf der Straße beträgt 60 km/h (Reichweite 500 km). Mit einer 46-kg-Spr.-Gr. wird eine max. Schussweite von 28.400 m erreicht (nachbeschleunigte Munition 33.000 m). Zur Bedienung gehören 6 Mann.

Eine 152-mm-Kanonen-SFL 2 S 5 im Artilleriemuseum von St. Petersburg.
Foto: Binder

Tschechoslowakische 152-mm-SFL vzor 77 DANA

Die bemerkenswerte Entwicklung einer 152-mm-SFL auf 8 x 8-Radlafette – Basis Tatra 815 VP 31 – erfolgte ab Ende der 70er Jahre in der Tschechoslowakei. Die als DANA benannte SFL erhielt einen gepanzerten Drehturm mit eingebauter 152,4-mm-Kanonen-Haubitze mit automatischer Ladeeinrichtung (Magazin 30 Schuss). Die Rohrwaffe ist eine modifizierte sowjetische D-22. Die Abmessungen der DANA betragen L x B x H = 11.156 (über alles) x 3000 x 2850 mm. Der Antrieb erfolgt durch einen luftgekühlten Dieselmotor Tatra 2-939-34 mit 253,7 kW Leistung. Das Rohr im Turm hat einen Höhenrichtbereich von –4°bis +70°. Nach der Seite kann beim direkten Richten bis 225° geschwenkt werden, beim indirekten Richten jedoch nur bis 45° je Seite. Die Höchstschussweite mit einer normalen 43,5-kg-Spr.-Gr. EOF D20 beträgt 18.700 m. Als Feuergeschwindigkeit werden 30 S/Min. erreicht (ein Magazin). Bei einer kampfwertgesteigerten Version der DANA mit L/47-Rohr werden mit reichweitengesteigerter Munition 32.000 m erreicht. Von der Grundversion der DANA sind ca. 750 Exemplare hergestellt worden, darunter auch Exportversionen für Polen und Libyen. 1992 wurde eine weiterentwickelte Version vorgestellt, deren Hauptmerkmal die Ausrüstung mit einer 155-mm-Rohrwaffe ist. Mit der als ZUZANA (vz. 2.000) bezeichneten SFL kann nun auch NATO-Standardmunition verschossen werden. Als Schussweite mit reichweitengesteigerter Munition werden nun 39,6 km erreicht.

Eine 155-mm-SFL DANA mit abgeklappten Stützplatten, bereit zum Schießen.
Foto: Jochen Vollert Archives

Sowjetische 152-mm-SFL-Haubitze 2 S 19 Msta-S

Die vergleichsweise moderne SFL (Objekt 316) mit 152,4-mm-Haubitze 2 A 64 – im Westen meist als Panzerhaubitze bezeichnet – wurde ab Mitte der 80er Jahre entwickelt. Als Basisfahrgestell nutzte man Elemente des Panzers T-80. Die in dem um 360° schwenkbaren Turm eingebaute L/53-Rohrwaffe hat einen Höhenrichtbereich von –4° bis +68°. Das Rohr kann von außen mittels eines Drehverschlusses gewechselt werden. Die Abmaße der rund 42 t schweren SFL betragen L x B x H = 11.917 (mit Rohr) x 3584 x 2985 mm. Der Antrieb erfolgt durch einen Vielstoffmotor V-84-A mit einer Leistung von 574 kW (V/Straße 60 km/h). Als Höchstschussweite mit einer normalen 43,5-kg-Spr.-Gr. werden 24,7 km angegeben (reichweitengesteigerte Munition 28,5 km). Mit automatischer Ladeeinrichtung können 7 bis 8 S/Min. abgefeuert werden. Der Bordvorrat beträgt 50 Schuss. Auch lasergesteuerte Suchmunition – eine so genannte »Krasnopol-Granate« – kann verschossen werden. Die SFL verfügt über ein 16-kW-Gasturbinenaggregat, um bei abgestelltem Motor alle Funktionselemente mit Elektroenergie zu versorgen. Das Nachladen der verschossenen Munition erfolgte an der Rückseite des Turms mittels eines elektrischen Muni-Aufzugs. Die Einführung bei Brigaden und Artillerieregimentern der Panzerdivisionen erfolge ab 1989. Zwischenzeitlich erwarben auch Weißrussland und die Ukraine diese SFL. Interessanterweise existiert auch eine Version (Prototyp?) mit gleichem Turm (Msta-K) auf einem 8 x 8-Truck. Auch von einer Version 2 S 19 M2 mit 155-mm-Haubitze L/52 existieren Prototypen (Export?). Nach verschiedenen Quellen soll auch eine verbesserte Version 2 S 30 entwickelt worden sein.

Eine 152-mm-SFL-Haubitze 2 S 19 Msta-S im Artilleriemuseum von St. Petersburg. *Foto: Touzin*

Deutsche 155-mm-Panzerhaubitze 2000

Die deutsche Panzerhaubitze 2000 stellt eines der modernsten Artilleriesysteme auf Selbstfahrlafette innerhalb der NATO dar. Die von Krauss-Maffei Wegmann (Fahrgestell) und Rheinmetall (L/52-Rohrwaffe) entwickelte SFL hat die Abmessungen L x B x H = 7,87 x 3,37 x 3,06 m. Der Antrieb erfolgt durch einen MTU-Dieselmotor 881 mit einer Leistung von 745,7 kW (V/Straße 60 km/h). Das 8060 mm lange Rohr mit Mündungsbremse hat einen automatischen Keilverschluss. Die Höchstschussweite mit einer 43,5-kg-Spr.-Gr. Rh-30 beträgt 30 km (reichweitengesteigerte Munition 40 km). Als Treibladungen werden sechs rückstandslos verbrennende Module eingesetzt (MTLS). Das automatische Ladesystem ermöglicht eine Feuergeschwindigkeit von 12 S/Min (oder 20 Schuss in 3 Min.). Außer NATO-Standardmunition können auch Nebelgranaten, Bombletgeschosse und Suchzündermunition (SMArt DM 702) verschossen werden. Die PzH verfügt über eine geschützinterne Feuerleitanlage und über ein hybrides Navigationssystem (GPS). Für die Bundeswehr werden 185 PzH 2000 beschafft. Als Export sind 70 PzH für Italien, 56 für die Niederlande und 24 für Griechenland vorgesehen.

Eine Panzerhaubitze 2000 auf einer Präsentation der Bundeswehr in Rostock. *Foto: Kunath, 2002*

Britische 155-mm-Panzerhaubitze AS-90

Da die gemeinsame Entwicklung einer trinationalen Panzerhaubitze eingestellt wurde, projektierte man bei Vickers eine eigene Version für die britischen Artillerieverbände. Das Basisfahrzeug hat die Abmessungen L x B x H = 9,70 (mit Rohr) x 3,30 x 3,00 m. Der Antrieb erfolgt durch einen Cummins-Diesel VTA-903T mit 492 kW Leistung (V/Straße 55 km/h). Als Rohrwaffe wurde eine 6.1-inch-(155 mm)L/39-Waffe von der Royal Ordnance Nottingham vorgesehen. Es können aber auch L/45- und L/52-Rohrwaffen eingebaut werden. Die Höchstschussweite mit NATO-Standardmunition beträgt 24.600 m, mit reichweitengesteigerter Munition 32.000 m. Ein automatisches Ladesystem ermöglicht eine Feuergeschwindigkeit von 3 S/10 Sek. Der Munitionsvorrat beträgt 40 Schuss. Die ersten AS-90 wurden 1993 von der Truppe übernommen.

Die 155-mm-PzH AS-90 mit L/52-Rohr auf der EURO SATORY 2002. Foto: Touzin

Französische 155-mm-SFL-Haubitze »Caesar«

Neben der gezogenen 155-mm-Haubitze auf Zweiradlafette entwickelte man bei GIAT Industries auch eine originelle SFL auf der Basis eines 6 x 6-Truck von Soframe. Die L/52-Rohrwaffe wurde auf dem verstärkten hinteren Teil des Fahrgestells aufgebaut. Zur Stabilisierung wird beim Schießen hinten eine Stützplatte abgesenkt. Die Abmessungen der SFL betragen L x B x H = 10,00 x 3,65 x 2,65 m. Das rund 17,4 t schwere Fahrzeug kann auf Straßen mit 110 km/h (!) gefahren werden (Reichweite 600 km). Der Lufttransport mit einer C-130 ist möglich. Die max. Schussweite mit nachbeschleunigter Munition beträgt 42 km. Als Feuergeschwindigkeit werden 6 S/2 Min. angegeben.

Die 155-mm-SFL von GIAT Industries auf der EURO SATORY 2002.

Die 155-mm-SFL von GIAT Industries auf der EURO SATORY 2002. Die SFL zur Demonstration in Feuerstellung. Fotos: Touzin

Amerikanische 175-mm-Kanonen-SFL M 107

Die 175-mm-Kanone auf SFL wurde Ende der 50er Jahre für weitreichendes Artilleriefeuer bei der Pacific Car and Foundry in Zusammenarbeit mit dem U.S. Army Ordnance Department entwickelt. Der Aufbau des Rohrwaffensystems M 113 L/60 erfolgte auf dem weitestgehend gleichen Fahrgestell wie das der 203-mm-Haubitze M 110. Die Abmessungen der SFL betragen L x B x H = 11,26 x 3,15 x 3,68 m. Der Antrieb erfolgte durch einen Detroit-Dieselmotor 8V-71T mit einer Leistung von 302 kW (Fahrstrecke 720 km). Die Höchstschussweite mit einer 66,8-kg-Spr.-Gr. betrug 32,7 km. Zur Stabilisierung beim Schießen wurden am Heck Stützschilde hydraulisch abgesenkt. Bei der U.S.-Artillerie wurde diese SFL 1962 eingeführt. Für die Bundeswehr lieferten die USA ab 1964 die als »Schwere Feldkanone 175 mm SF« bezeichneten Geschütze. Bis 1979 gehörten sie bei der Bundeswehr zur Divisionsartillerie, danach waren sie noch bei der Korpsartillerie im Einsatz. Die SFL wurde auch nach Griechenland, Spanien, der Türkei, Großbritannien und anderen Staaten exportiert.

Amerikanische schwere 8-inch-Panzerhaubitze M 55

Der Auftrag zur Entwicklung einer schweren 8-inch-Panzerhaubitze (Kal. 203 mm) wurde bereits 1948 an die Car and Foundry Company erteilt. Ein erster Prototyp T 108 wurde 1951 geliefert. Nach Erprobungen und Änderungen wurden die ersten Serienfahrzeuge 1952 als M 55 für die U.S.-Streitkräfte ausgeliefert. Das 42,6 t schwere Fahrzeug hatte die Abmessungen L x B x H = 7,91 x 3,58 x 3,47 m. Das Fahrgestell wurde mit Elementen des Panzers M 48 konstruiert. Die L/24-Rohrwaffe ist in einem Drehturm eingebaut, der je Seite mit 60° geschwenkt werden konnte (Höhe –5° bis +65°). Zur Stabilisierung beim Schießen wurde auch hier ein Stützschild am Heck abgesenkt. Die Panzerung hatte Stärken von 13 bis 25 mm. Die Höchstschussweite mit einer 90,7-kg-Spr.-Gr. betrug 16,9 km (Vo = 594 m/s). Die bis 1955 hergestellte SFL wurde auch an die BRD, Belgien und Italien geliefert. In den Panzerdivisionen der Bundeswehr wurde die M 55 bis 1966 bei den Feldartilleriebataillonen eingesetzt.

Eine schwere Feldkanone 175-mm-SFL M 107 aus dem Bestand der Bundeswehr. *Foto: BMVg*

Die 203-mm-Panzerhaubitze M 55 im Einsatz bei der Bundeswehr.
Foto: BMVg

Amerikanische 8-inch-SFL-Haubitze M 110

Die jetzt oben offene 8-inch(203 mm)-Haubitze M 110 wurde ab 1962 ebenfalls bei der Pacific Car and Foundry entwickelt. Auf dem gleichen Fahrgestell wie die 175-mm-SFL M 107 kam sie auf ein Gefechtsgewicht von 28,3 t. Die Abmessungen betrugen L x B x H = 10,73 x 3,15 x 3,14 m. Als Antrieb diente auch hier ein Detroit-Diesel 8V-71T mit 302 kW Leistung. Das L/25-Rohr hatte einen Höhenrichtbereich von –2° bis +65° (je Seite 30°). Die Höchstschussweite mit der kurzen Rohrwaffe betrug 16,9 km (92,5-kg-Spr.-Gr.). Die Haubitzen der U.S.-Artillerie erhielten 1977 ein neues L/37-Rohr M 201. Auch die bei der Bundeswehr eingesetzten M 110 wurden 1985 modernisiert. Auch sie erhielten ein neues L/37-Rohr mit Mündungsbremse von Rheinmetall. Die jetzt als M 110 A2 bezeichnete SFL hatte eine Höchstschussweite von 23 km. Außer an die Bundesrepublik Deutschland wurde diese SFL noch an 15 andere Staaten geliefert. Bei der U.S.-Artillerie war auch der Einsatz von nuklearer Munition M 753 mit 0,5 bis 2 KT vorgesehen.

Die modernisierte 203-mm-SFL 2S7 M MALKA.
Beachte: Auf Fahrzeugmitte der mitgeführte Munitionskarren. *Foto: Archiv Gerecke*

Die 203-mm-Haubitze M 110 bei einer Vorführung der Bundeswehr. *Foto: BMVg*

Sowjetische 203-mm-SFL 2S7 PION und 2S7M MALKA

Die 46 t schwere SFL PION mit 203-mm-Kanone 2A44 wurde ab 1975 in die Bewaffnung der Sowjetarmee aufgenommen. Das vom Leningrader Kirow-Werk entwickelte Fahrwerk mit 7 Lauf- und 6 Stützrollen (Objekt 216) basiert auf Grundelementen des Panzers T-64. Als Antriebsmotor fungiert ein 12-Zyl.-V-Dieselmotor W-46-I mit einer Leistung von 625 kW (840 PS). Die Abmaße der SFL betragen L x B x H = 13,20 (mit Rohr) x 3,38 x 3,00 m. Das L/55,4-Rohr hat einen Höhenrichtbereich von 0° bis +60° (je Seite 15°). Das Laden erfolgt mit mechanisiertem Ansetzer bei jeder beliebigen Rohrstellung. Mit einer 110-kg-Spr.-Gr. wird eine max. Schussweite von 37,5 km erreicht. Die Feuergeschwindigkeit beträgt 1,5 S/Min. (MALKA 2,5 S/Min.). Zur Stabilisierung beim Schießen ist am Heck ein absenkbares Stützschild angebracht (Fahrwerk kann außerdem hinten abgesenkt werden). Am Bug kann ein Planierschild zum Stellungsbau angebracht werden. Ab 1983 wurde eine weiterentwickelte Version 2 S7M MALKA (Objekt 216M) ausgeliefert. Diverse Verbesserungen betreffen hauptsächlich die Erhöhung der Zuverlässigkeit und der Nutzungsdauer. Mit nachbeschleunigter Munition wird jetzt eine Schussweite von 47,5 km erreicht. Der mitgeführte Kampfsatz beträgt nur 8 Schuss (PION 4). Die SFL MALKA soll noch bis 2010 in der Bewaffnung verbleiben.

Sowjetische 406,4-mm-Kanonen-SFL SM-54 »Kondensator«

Die Entwicklung schwerer Artilleriesysteme auf Selbstfahrlafetten zum Einsatz von nuklearer Munition begann 1954 im zentralen Konstruktionsbüro Nr. 34 unter Leitung von Grabin. Als Fahrgestell (Objekt 271), Hersteller Kirow-Werk im damaligen Leningrad, wurden Elemente des Panzers T-10M mit 750-PS-Dieselmotor W-12-6B genutzt. Das 406,4-mm-Rohrwaffensystem 2 A 3 hatte gebremsten Rohrrücklauf. Die Höchstschussweite mit einer 550-kg-Gr. betrug 25,6 km (Vo = 716 m/s). Als Feuergeschwindigkeit werden 1 S/5 Min. angegeben. Die Abmessungen der SFL betragen L x B x H = 20,00 (mit Rohr) x 3,80 x 5,72 m.

Auf der Straße konnte die rund 64 t schwere »Kondensator« mit 30 km/h gefahren werden. Beide Typen, »Kondensator« und Mörser »Oka«, wurden am 7. November 1957 auf der Militärparade in Moskau erstmalig der Öffentlichkeit gezeigt. Ursprünglich waren die vier hergestellten Exemplare »Kondensator« für weitere Erprobungen vorgesehen. In deren Ergebnis sollte entschieden werden, welches Waffensystem eingeführt werden sollte (Kondensator oder Oka). Wie auch in anderen Ländern übernahm jedoch zunehmend die Raketenartillerie die Rolle taktischer nuklearer Waffensysteme, sodass die SFL »Kondensator« nur zeitweilig in der Reserve des Oberkommandos verblieben.

Ein 420-mm-Mörser »Oka« im Artilleriemuseum in St. Petersburg. *Foto: Touzin*

Heute Museumsexponat: die 406-mm-SFL »Kondensator«. *Foto: Archiv Gerecke*

Sowjetischer 420-mm-Mörser SM-58 »OKA«

Parallel zur Entwicklung und dem Bau der 406,4-mm-Kanone »Kondensator« wurde ab 1954 auch die Entwicklung eines 420-mm-Mörsers (Granatwerfer) auf Selbstfahrlafette begonnen. Als Objekt 273 wurde hier eine Mörserwaffe 2B1 zum Verschuss von nuklearer Munition vorgesehen. Da diese Waffe keinen gebremsten Rohrrücklauf hat, musste das sonst ähnliche Fahrwerk wie bei der »Kondensator« zur Aufnahme des Rückstoßes verstärkt werden (Federn und Stoßdämpfer). Die Abmessungen der 55 t schweren »OKA« betragen L x B x H = 20,20 (mit Rohr) x 3,08 x 5,72 m. Der Antriebsmotor war der gleiche wie bei der »Kondensator«. Gerichtet wurde in der Höhe hydraulisch, nach der Seite grob mit dem Fahrwerk und fein mit zusätzlichem Elektroantrieb. Mit einer 650-kg-Wurfgranate mit Stabilisierungsflossen wurden Schussweiten von 25 bis 45 km erzielt (obere Winkelgruppe +50° bis +75°). Die Feuergeschwindigkeit betrug 1 S/10,5 Min. Auch von der »Oka« wurden im Kirov-Werk nur vier Fahrzeuge gebaut und bis Mitte der 60er Jahre als zeitweiliges Artilleriesystem dem Oberkommando unterstellt.

Geschosswerfer der Raketenartillerie

Sowjetischer Geschosswerfer BM-13-16

Auch nach dem 2. WK verblieben Geschosswerfer BM-13-16 für 132-mm-Raketen noch längere Zeit in der Bewaffnung. Der bewährte Typ wurde verbessert (BM-13 NM, BM-13 NMM) und auf Nachkriegsfahrzeuge ZIL-157 und ZIL-131 gesetzt. Mit weiterentwickelten Raketen konnten die Schussweiten und die Wirkung im Ziel verbessert werden. BM-13-Werfer wurden auch an verbündete Streitkräfte des Warschauer Vertrages abgegeben.

Oben: Das Startgestell des BM-13-16 auf ZIL-157 aus der Bewaffnung der polnischen Armee im Militärmuseum von Kolobrzeg (Kolberg). *Fotos: Autor*

Links: Ein BM-13-16-Werfer auf ZIL-151 auf einem Memorialpunkt in der heutigen Ukraine.

Sowjetischer Geschosswerfer BM-24-12

Die BM-24-Geschosswerfer lösten nach dem 2. WK die Werfer BM-30 und BM-31 ab. Als Trägerfahrzeug wurden die weiterentwickelten LKW-Chassis ZIL-151 und ZIL-157 genutzt. Mit dem aus Profilen gestalteten Werfer (GRAU-Index 8U31) konnten je Salve 12 Raketen mit einem Kaliber von 240 mm gestartet werden. Mit der 112,5-kg-Rakte M 24 F, Sprengladung 27,4 kg, wurde eine Schussweite von 7000 m erreicht. Mit der verbesserten 109-kg-Rakete M 24 DU, alle drallstabilisiert, wurden 11.000 m Schussweite erzielt. Die ZIL-Fahrzeuge hatten auf dem Kabinendach abklappbare Panzerblechplatten. Zur Bedienung gehörten drei Mann.

Ein BM-24-12 auf ZIL-157 einer Geschosswerfer-Abteilung der ehem. NVA. *Foto: Sammlung Krenz*

Sowjetischer Geschosswerfer BM-21 GRAD

Der Geschosswerfer BM-21 mit Mehrfachstarter 2 B 5, hier auf LKW Ural-375 D, wurde Anfang der 50er Jahre bei der Sowjetarmee eingeführt. Das Werferpaket hat hier 40 Startrohre für 122-mm-Raketen. Die Artillerierakete M 210 F hat eine Länge von 2870 mm und verfügt über einen Sprengkopf mit 20,45 kg Sprengladung. Die Richtbereiche betragen in der Höhe 0° bis +55°, nach jeder Seite 120°. Als Höchstschussweite werden 20.750 m erreicht. Die 40 Raketen werden in 20 Sekunden abgefeuert. BM-21-Werfer kamen auch auf LKW GAZ-66 B und auf Ural 4320 (BM-21 »Prima«, 9 A 51) zum Einsatz. Der BM-21-Werfer wurde in viele Länder exportiert und war mehrfach bei Kampfeinsätzen in lokalen Kriegen im Nahen Osten und in Afrika im Einsatz.

Ein BM-21-Werfer auf Ural-375 D der ehem. NVA bei der Vorbereitung zum Werferschießen.
Foto: Sammlung Krenz

Ein Werfer RPU-14-16 der sowjetischen Luftlandetruppen. *Foto: Wojennyje Snanija*

Tschechoslowakischer Geschosswerfer RM 70/RM 70M

Der in der Tschechoslowakei hergestellte Geschosswerfer RM 70 stellt eine Kombination des sowjetischen Geschosswerfers BM-21 GRAD mit dem 8 x 8-Fahrzeug Tatra 813 dar. Neben vielen eigenständigen Elementen wie gepanzerte Fahrerkabine verfügt dieser Werfer auch über eine Nachladeeinrichtung mit 40 Raketen (Nachladen in 35 Sekunden). Das 25,3 t schwere Fahrzeug hat die Abmaße L x B x H = 8650 x 2550 x 2960 mm. Der Antrieb erfolgt durch einen Dieselmotor T2-930-34 mit einer Leistung von 253,7 kW. Der 40-rohrige Werfer kann in der Höhe von 0° bis +55° gerichtet werden (Seite rechts 125°, Seite links 70°). Verschossen werden die gleichen 122-mm-Raketen wie beim Werfer BM-21. Neuere Raketen haben auch Gefechtsköpfe mit Bomblet-Geschossen. Die minimale Reichweite mit Bremsweg beträgt 1400 m, die max. Schussweite 20.380 m. Die gleiche Werferanlage wurde auch auf dem ungepanzerten Trägerfahrzeug Tatra-815 ausgeliefert (RM 70M). Beide Werfersysteme wurden nach mehreren Ländern exportiert (NVA 265 Exemplare).

Sowjetischer Geschosswerfer RPU-14-16

Geschosswerfer BM-14 waren eine weitere Nachkriegsentwicklung, die in verschiedenen Versionen und auf unterschiedliche Trägerfahrzeuge hergestellt wurden. Eine leichte Spezialausführung für Luftlande- und Fallschirmjägereinheiten war der 16-rohrige Werfer RPU-14-16. Bei dem nur 925 kg schweren Werfer wurden Lafettenteile der 85-mm-Div.-Kanone D-44 genutzt. Mit der 140-mm-Rakete M 14 OF (drallstabilisiert) wurde eine Höchstschussweite von 9800 m erzielt. Der Werfer konnte in 2 bis 3 Minuten nachgeladen werden. Seine Abmessungen betragen L x B x H = 4,15 (über alles) x 1,73 x 1,14 m. Der Werfer ist fallschirmabwurffähig, zur Bedienung gehören 4 Mann. BM-14-Werfer gab es noch auf GAZ-63 (BM-14-17)< sowie weitere Versionen auf ZIL-151 und ZIL-157 (2 x 8 übereinander).

Ein Geschosswerfer RM 70 der ehem. tschechoslowakischen Armee auf einer Manöverparade 1980.
Foto: Sammlung Krenz

Deutscher Mehrfachraketenwerfer 110 mm SF 2 LARS

Auch für die Bundeswehr wurde ab Mitte der 60er Jahre von der Firma Wegmann ein Mehrfachraketenwerfer auf einem modifizierten 6 x 6-LKW als Trägerfahrzeug entwickelt. Das als LARS (Leichtes Artillerie-Raketen-System) bezeichnete System besteht aus zwei gemeinsam gerichteten Startrohrpaketen mit je 18 Rohren. Die 110,4-mm-Raketen – Gewicht 35 kg – haben einen 17,6-kg-Gefechtskopf (HE, Nebel oder Sub-Munition mit 8 Anti-Panzerminen AT 2). Die Schussweiten betragen minimal 6500 m, maximal 14.800 m. Die anfänglich auf einem Trägerfahrzeug von Magirus montierten Werfer wurden später auf ein Basisfahrzeug MAN N4520 umgesetzt. Bei der Bundeswehr verfügte zeitweilig jede Division über 16 LARS-Werfer. Zwischenzeitlich wurden die meisten Werfer an verbündete NATO-Partner abgegeben.

Ein 110-mm-Werfer LARS in Feuerstellung. *Foto: BMVg*

Amerikanischer 227-mm-Raketenwerfer MLRS

Das Wefersystem MLRS (Multiple Launch Rocket System) wurde Anfang der 70er Jahre durch die U.S.-Firma Vought entwickelt. Ab 1978 wurde ein internationales Konsortium gebildet, sodass an der weiteren Entwicklung und Herstellung auch Großbritannien, Frankreich, Italien und die BRD beteiligt waren. Als Basisfahrzeug wurden Elemente des MICV M2 »Bradley« genutzt. Der 25,1 t schwere Werfer wird durch einen Cummins-Dieselmotor VTA-903 mit einer Leistung von 500 PS angetrieben (V/Straße 70 km/h, Fahrstrecke 400 km). Aus dem Werferpaket können 12 227-mm-Raketen mit verschiedenen Sprengköpfen gestartet werden. Hauptvariante sind Raketen mit Sprengköpfen, die 644-HL-Spl.-Bomblets mitführen. Auch Sprengköpfe mit Panzerminen AT 2 sind möglich. Über Adapter können aus diesem Werfer auch 110-mm-Raketen gestartet werden. Bei der Bundeswehr erhielt dieser Werfer die Bezeichnung MARS (Mittleres Artillerie-Raketen-System).

Sowjetischer 220-mm-Raketenwerfer 9 K 57 URAGAN

Der mittlere Geschosswerfer URAGAN (9 K 57) gehört mit seinem 16-rohrigen Starter für 220-mm-Raketen nun schon zur dritten Generation sowjetisch- russischer Werfer der Raketen-Artillerie. Als Basisfahrzeug dient hier ein 8 x 8-ZIL-135 LM (9 P 140). Der Werfer kann in der Höhe bis +55° und nach jeder Seite bis 120° gerichtet werden. Die rund 260 kg schweren und 4832 mm langen Raketen werden mit verschiedenen Gefechtsköpfen verschossen (Bomblets, Sub-Munition mit 24 Panzerminen oder 312 Infanterieminen). Als max. Schussweite werden 35 km angegeben. Zu jeder Batterie gehören auch Transport- und Ladefahrzeuge ZIL 135M (9 T 452).

Links: Ein Raketenwerfer MARS der Bundeswehr beim Übungsschießen am 11. September 2000. *Foto: Modes, BMVg*

Oben: Der 220-mm-Werfer URAGAN auf ZIL-135M. *Foto: Archiv Gerecke*

Sowjetischer 300-mm-Raketenwerfer 9 K 58 SMERCH

Der heute bei der russischen Armee eingesetzte 300-mm-Werfer SMERCH (9 K 58) vereinigt alle Erfahrungen, die man bei sowjetisch-russischen Werfersystemen gesammelt hat. Der 12-fach-Werfer ist auf dem modifizierten Trägerfahrzeug MAZ-543M (9 A 52-2) aufgebaut. In der Höhe kann bis +55°, nach jeder Seite bis 120° gerichtet werden. Das 34,7 t schwere Fahrzeug hat die Abmessungen L x B x H = 12,10 x 3,05 x 3,05 m. Verschossen werden (mindestens) 6 verschiedene Raketentypen, darunter die 9 N 139 mit 72 Bomblets, die 9 N 152 mit Suchzünder-Submunition sowie die 9 N 539 mit 25 Anti-Panzerminen. Je nach Raketentyp werden Reichweiten von 70 bis 90 km erreicht. Zu jeder Batterie gehören auch hier Transport- und Ladefahrzeuge 9 T 234 (MAZ-543 A). Die modernisierte Version des SMERCH verfügt über ein automatisches Feuerleitsystem. Diese Werfer werden heute auch als Exportversion angeboten.

Ein Raketenwerfer SMERCH im Artilleriemuseum von St. Petersburg. *Foto: Luogatshov*

Abkürzungen

Brig.	Brigade
Div.	Division
FH	Feldhaubitze
FK	Feldkanone
GebH	Gebirgshaubitze
GCT	franz.: Grande Cadence de Tir – hohe Feuergeschwindigkeit
GRAU	russ.: Glavny Raketny Artilleriskij Upravlenije, Hauptverwaltung der Raketen und Artillerie
GrW	Granatwerfer
HE-FRAG	engl.: high explosive fragmentation – hochexplosive Splittergranate
HKB	Heeresküstenbatterie
LFH	leichte Feldhaubitze
MSR	Mot.-Schützenregiment
NeW	Nebelwerfer
NVA	Nationale Volksarmee
PALR	Panzerabwehrlenkrakete
PTP	russ.: Protivotankovaya pushka – Panzerabwehrkanone
Pz.-Gr.	Panzergranate
PzH	Panzerhaubitze
Pzkpfw.	Panzerkampfwagen
Rgt.	Regiment
Sd.Kfz.	Sonder-Kraftfahrzeug, Tarnbezeichnung
sFH	schwere Feldhaubitze
SFL	Selbstfahrlafette
S/Min.	Schuss pro Minute
Spl.-Gr.	Splittergranate
Spr.-Gr.	Sprenggranate
StuH	Sturmhaubitze
Stupa	Sturmpanzer
Tak	Tankabwehrkanone
Uk.-Gr.	Unterkalibergranate
Vo	Anfangsgeschwindigkeit eines Geschosses in Meter pro Sekunde

Quellenverzeichnis

Autorenkollektiv 50 Let Sovetskich Voorushennych Sil. Voennoe Izdatelstvo Moskva, 1967

Autorenkollektiv Bojewaja Technika Orushije 1939–1945. Vojennoe Izdatelstvo Moskva, 2001

Babushkin, Y. Hrsg. Orushie Rossij, Russia's Arms. Vojennyi Parad, Moskva 2001

Barnes, L. Canada's Guns. An Illustrated History of Artillery Canadian War Museum Ottawa, 1979

Blume, P. Die Artillerie der Bundeswehr und ihre Fahrzeuge 1956–heute. Flugzeug Publikations GmbH, Illertissen, 1994

Chamberlain, P. Gander, T. WW 2 Fact Files: Infantry, Mountain and Airborne guns Arco Publishing Company Inc. New York, 1975

Chant, Ch. Artillery, Missiles & Military Transport of the 20th century Tiger Books International PLC, London 1996

Fleischer, W. Die deutsche Panzerjägertruppe 1939–1945, Bildband Podzun-Pallas-Verlag GmbH, Wölfersheim-Berstadt, 2003

Fleischer, W. Eiermann, R. Die motorisierte Artillerie und Panzerartillerie des deutschen Heeres. Podzun-Pallas-Verlag GmbH, Wölfersheim-Berstadt, 2000

Fransson, S.A. Bofors 350 år. Probus Förlag HB, Stockholm, 1996

Fr. Krupp AG R-Mitteilungen, Umschau in der rüstungstechnischen Fachpresse. Essen, 1939/40

Gander, T. Chamberlain, P. Small Arms, Artillery and Special Weapons of the third Reich. Macdonald and Jeane's, London, 1978

Hogg, I. German Artillery of World War two. Hippocrene Books, Inc. New York, 1975

Hogg, I. Artillerie des 20. Jahrhunderts. Gondrom Verlag GmbH Bindlach, 2001

Kolomiez, M. Makarov, M. Samochodnaja Artillerija Krasnoi Armii. Frontovaja Illustrazija 4/2002. Izdatelstvo »Strategija« KM, 2002

Kopenhagen, W. Die Landstreitkräfte der NVA Motorbuch Verlag spezial, Stuttgart, 2003

Kosar, F. Panzerabwehrkanonen 1916–1977 Motorbuch Verlag Stuttgart, 1973

Kosar, F. Die schweren Geschütze der Welt. Feldartillerie-Selbstfahrlafetten-Belage-

rungsgeschütze
Motorbuch Verlag Stuttgart, 2002

Lombarés, de, M. Historie de l'Artillerie Francaise.
Charles-Lavauzelle, Paris, 1984

Magnuski, J. Ciezkie dzialo samobiezne ISU.
Wydawnictwo Ministerstwa Obrony Narodowej.
Warszawa, 1980

Marx, St. The DANA / ZUZANA Czechoslovak SPG Family.
In: The Tankograd Gazette Nr. 16,
Verlag Jochen Vollert, Erlangen

Müller, W. Die schwere Flak 8,8 cm – 10,5 cm – 12,8 cm – 15 cm
Mit den Ortungs- und Feuerleitanlagen.
Podzun-Pallas-Verlag Friedberg, 1993

o. Autor BOFORS, Waffenalbum.
Aktiebolaget Bofors. A.-B. John Antonsons Boktryckeri
Gotenburg, 1936

o. Autor Handbook on German Military Forces.
War Department Technical Manual.
TM –E30 – 451, March 1945

Pataj, S. Aryleria Ladowa 1871 – 1970.
Wydawnictwo Ministerstwa Obrony Narodowej.
Warszawa, 1975

Pawlas, K.R. Die Salvenmaschinenkanonen zur Flugzeugabwehr.
In: Waffen Revue Nr. 106 bis 114.
Journal-Verlag Schwend GmbH, Schäbisch-Hall, 1997/98

Quarie, B. Das große Buch der Deutschen Heere im 20. Jahrhundert.
Podzun-Pallas-Verlag, Friedberg, 1990

Renz, von, O.W. Deutsche Flug-Abwehr im 20. Jahrhundert.
Verlag E.S. Mittler & Sohn, Berlin/ Frankfurt, 1960

Restayn, J. Panzer und Kettenfahrzeuge des Zweiten Weltkrieges.
Bechtermünz Verlag, 1998

Schmeljow, I. Panzer aus sieben Jahrzehnten.
Militärverlag der DDR, Berlin, 1988

Schreier, K.F. Standard Guide to U.S. World War II. Tanks & Artillery.
Krause Publications, Iola, WI, 1994

Senger und Etterlin, von, F.M. Die deutschen Geschütze 1939–1945.
Bernhard & Graefe Verlag Bonn, 1988

Shirokorad, A.B. Enziklopedija Otestshestvennoi Artilleri.
KARVEST, Minsk, 2000

Tantum, W.H. Japanese Combat Weapons second World War.
Hoffschmidt, E.J. WE, Inc. Old Greenwich, Connecticut, 1968

Vollert, J. Nukleare Götterdämmerung: Atomic Annie VS. Kondensator/Oka.
In: Tankograd Militärfahrzeug Nr. 2/2003.
Tankograd Publishing Verlag Jochen Vollert, Erlangen

Werkschronik 50 Jahre Rheinmetall Düsseldorf 1899–1939.
Hrsg. Rheinmetall-Borsig AG.
Druck und Verlag A. Bagel, Düsseldorf, 1939

Zygankov, I. S. Geschütze, Granatwerfer, Geschosswerfer.
Sossulin, J.A. Militärverlag der DDR, Berlin, 1981

Zeitschriften und Periodika

Artilleristische Rundschau 1939/ 40
Militärfahrzeug
Militärgeschichte
Militärtechnik
Voennyi Parad
Waffenarsenal
Waffen-Revue

Sowjetische 152-mm-Kanonen-Haubitze ML 20